孙凌云　向　为◎著

设计智能

ZHEJIANG UNIVERSITY PRESS
浙江大学出版社

图书在版编目（CIP）数据

设计智能 / 孙凌云，向为著. — 杭州 ：
浙江大学出版社，2021.10（2023.6重印）
ISBN 978-7-308-20904-5

Ⅰ．①设… Ⅱ．①孙… ②向… Ⅲ．①人工智能 Ⅳ.
①TP18

中国版本图书馆CIP数据核字（2020）第248028号

设计智能

孙凌云　向　为　著

策　　划	许佳颖
责任编辑	张凌静
责任校对	殷晓彤
装帧设计	程　晨
出版发行	浙江大学出版社
	（杭州市天目山路148号　　邮政编码　310007）
	（网址：http://www.zjupress.com）
排　　版	杭州林智广告有限公司
印　　刷	浙江海虹彩色印务有限公司
开　　本	710mm×1000mm　1/16
印　　张	13.25
字　　数	210千
版 印 次	2021年10月第1版　2023年6月第2次印刷
书　　号	ISBN 978-7-308-20904-5
定　　价	128.00元

前　言

　　人工智能与设计的发展一直呈彼此拉动、彼此赋能和彼此挑战的关系。设计（创新）能力处于人类智能金字塔的塔尖位置，是人工智能一直试图达成的成果；人工智能也从人类的设计实践活动中不断得到启发，由此出现了人工智能发展史上的很多亮点。人工智能将设计师从烦琐、机械化的工作中解放出来，减少设计行业的人力资源浪费；提供设计启发、支持设计探索，提高设计效率，提升设计师的创造力；实现体验计算，支持产品在使用过程中的持续维护优化，增加产品价值。今天，新一代人工智能蓬勃发展、创新设计迅速崛起，设计与智能之间的互动愈发频繁和密切。国务院在 2017 年提出了《新一代人工智能发展规划》，明确提出要研究创新设计、数字创意和以可视媒体为核心的商业智能等知识服务技术。设计正转向人机合作的新模式，设计智能逐渐成为内涵清晰、边界明确的学科领域。

　　在此浪潮下，设计与人工智能的碰撞将涌现哪些机会？设计领域将产生哪些变革？本书围绕上述问题，从"设计的创新能力"与"设计的实践过程"两个角度，讨论设计的认知与思维特征、设计相关的人工智能理论与技术、人工智能支持的设计应用、设计范式转换等内容。

　　本书是一本设计与人工智能交叉领域的专著，书中以作者的研究为基础，介绍设计与人工智能交叉领域的典型理论和方法、研究与实践方向，希望能让读者有所参考，支持读者在该领域的研究探索。为此，书中各章以如下方式组织：每章将首先介绍理论背景，随后介绍具体的研究方法、技术，并给出图像、视频、产品等设计对象的研究或应用案例。书中也提供了一些供扩展阅读与思考的资料，帮助读者理解书中概念。

本书的内容安排如下。

第 1 章简述了设计与人工智能的基本概念与发展趋势，以及设计与人工智能交叉领域涌现的机会。

第 2 章从创新能力与设计实践两方面介绍了设计的特征，包括设计创新的基础、设计能力的组成、设计实践方法、设计研究方法等。

第 3 章和第 4 章介绍人工智能如何支持设计过程、提升设计能力。其中，第 3 章主要介绍设计相关的人工智能理论与技术，包括知识表示与学习，设计辅助技术等。在此基础上，第 4 章讨论了深度生成模型这一热点技术如何支持设计。

第 5 章和第 6 章介绍人工智能在设计实践中的应用。其中，第 5 章介绍了设计实践流程在人工智能的影响下发生的改变，人工智能支持的典型设计工具、平台与服务。第 6 章则介绍了设计实践中参与者的变化，详细讨论了众包这一参与形式对设计的改变。

第 7 章初步探讨了人工智能等技术影响下的设计范式，总结了范式转换的驱动力，讨论了"智能设计"这一新范式下的设计流程、设计对象、设计师职能的特征。

本书由孙凌云和向为编著。参与本书各章节撰写的研究生和博士后有：尤伟涛（第 3 章）、陈培（第 4 章）、周子洪（第 5 章）、高暐玥（第 6 章）、周志斌（第 7 章）。此外，鲁雨佳、宋震麟、杨智渊等学生也为本书的编写做出了大量的贡献。感谢江浩、陈实、李泽健等老师围绕本书主题做的大量研究工作。在此，向他们的辛勤付出表示感谢！

本书的编写得到了阿里巴巴－浙江大学前沿技术联合研究中心、中国创新设计产业战略联盟、浙江大学计算机辅助设计与图形学国家重点实验室、浙江省设计智能与数字创意重点实验室、浙江大学计算机学院、浙江大学国际设计研究院、新加坡科技设计大学等机构的大力支持。

智能设计还是一个不断发展中的主题。本书编写过程中的疏漏在所难免，诚挚邀请读者提供宝贵意见，共同推动这一领域的发展。

目　录

CONTENTS

第 5 章　人工智能与设计实践

第 6 章　群体智能与创意众包

第7章　设计范式转换

第1章

引　言

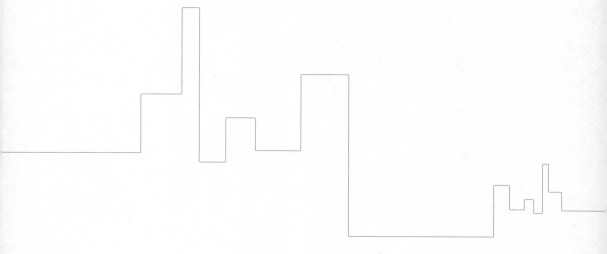

1.1 设计的发展

设计是人类的一项基础活动和能力。

从人类开始制作工具时，设计便产生了。石刀或石斧可视为史前时代人类为了劳作或战争而设计制作的工具，体现了当时人类的技术水平与审美情趣，是评价人类发展水平的重要参考。"如果建筑师为民众建的房子倒塌，使得房主死亡，则建筑师应该处死。""如果船工为民众造船，但船漏水或出现缺陷，则船工应该自费重造船、交还船主。"《汉谟拉比法典》中的条文显示几千年前已存在建筑设计师、船舶设计师等职业。

设计创造是认知能力的重要组成。1956年，Bloom金字塔将人类认知分为6类，分别为知识、理解、应用、分析、综合和评价。在2001年的修订版本中，知识作为一个单独的维度，与认知过程这一维度共同构成了一张认知分类表。在这张表中，知识包括事实知识、概念知识、程序知识与元认知知识四种类型，认知包括记住、理解、应用、分析、评估、创造六类过程（见图1.1）。与第一版相比，修订后的Bloom分类表强调了"创

图 1.1 Bloom 认知水平金字塔

造"这一认知过程，认为创造是产生新观点和知识的关键。

设计的能力也是学界关注的重点。2018年2月，MIT发布了由MIT校长领衔，多个机构参与的MIT Quest for Intelligence项目[1]。这一项目拟回答两个重要的问题："人类智能是如何运作的？""我们如何利用对人类智能的深入认识，开发更智能、有效的机器？"在这一庞大的项目规划中，创新的认知机制与创意人工智能是首批启动的多个课题的共同关注点。同样的,IBM也将创造性列为"What's next for AI"的四个因素之一[2]，希望人工智能可以成为有创造力的伙伴，启发设计师、完成重复性工作，革新设计方式。在此思路指导下，IBM Watson开发了可以剪辑电影预告片、创造菜谱，以及进行时尚设计的人工智能算法与系统。

设计的实践与产业发展息息相关。设计实践产出的产品、系统和服务无处不在，既有类似于苹果手机、特斯拉电动车、波音飞机、悉尼歌剧院等实体产品、建筑；也有淘宝网、QQ、滴滴打车等数字应用（见图1.2）。好的设计不但可以提升产品和服务的品质，提升绿色智能水平，赢得市场竞争优势，还可以创造新需求、开创新业态、开拓新市场，甚至会引发产业变革[3]。例如，戴森公司推出的无叶风扇、吹风机、吸尘器等，改变了风扇的出风方式，提供了优质的干发与吸尘体验，成为行业标杆。苹果公司2007年推出的第一代iPhone革新了手机样式，采用全屏幕，提出以触控为主的交互方式，配套App Store，成为各大手机厂商争相模仿的对象。

成功的设计实践需要有效的方法支持。1944年，二战尚未结束，丘吉尔政府就成立了促进经济复苏的英国设计委员会（Design Council）。设计委员会为政府提供设计政策建议，支持设计项目与设计教育。例如，委员会与政府联合推出了design demand项目，通过指导公司策略性的应用设计实践的方法，增加公司的竞争力。这一项目实施后，5000余家中小公司在设计中每

---

[1] 源于MIT Quest for Intelligence网站，https://quest.mit.edu/。

[2] 源于IBM提出的AI发展的趋势，https://www.ibm.com/watson/advantage-reports/future-of-artificial-intelligence.html。

[3] 源于人民网《创新设计引领中国创造（大家手笔）》，http://theory.people.com.cn/n1/2017/0315/c40531-29145686.html。

图 1.2　生活中的设计产品

英镑的投入得到了 20 英镑的盈利；创业公司的五年生存率从 49% 提升到了 91%。以戴森为代表的知名公司持续涌现，提升了英国整体的设计实力与设计水平。

　　类似地，斯坦福大学的 d.school 也提出了一系列设计实践方法，支持了著名的硅谷公司集群的形成（见图 1.3）。斯坦福 d.school 由知名设计公司 IDEO 的创始人与斯坦福大学联合创办。d.school 根据多年的设计研究与设计实践，提出了设计思维方法。设计思维方法整合不同专业领域的从业者，针对重大的社会问题提出解决方案。从这些解决方案中孵化的多个设计项目，如 Embrace、Pulse 等被苹果、谷歌等公司收购或投资，形成了强大的行业影

图 1.3　斯坦福 d.school（图片来源：斯坦福 d.school 官网）

响力。同时，d.school 培养了一批具有设计思维的 T 型人才，拥有精深的专业素养与多领域的广博知识，为硅谷公司持续提供发展动力。

1.2 人工智能的发展

1956 年 8 月，约翰·麦卡锡（John McCarthy）等人发起了达特茅斯（Dartmouth）会议。会议首次确立了人工智能的概念：让机器像人那样认知、思考和学习，即用计算机模拟人的智能。这一会议标志着人工智能的开端。

人工智能的发展经历了三次发展高潮。第一次发展高潮发生在 1955 年到 1974 年间。这次发展以符号推理为主要特征。这一轮发展过程中诞生了许多人工智能的研究方向，包括自然语言、逻辑推理和神经网络等。研究者制造出了第一台神经网络机，开发了第一款智能对话机器人。计算机可以解决代数应用题，证明几何定理，还能学习和使用英语。然而，20 世纪 70 年代初人工智能的研究遭遇了瓶颈。研究者逐渐发现：机器虽然拥有了简单的逻辑推理能力，但无法克服基础性障碍，如运算能力不足、难以实现常识推理等。人工智能应用停留在"玩具"阶段，远远达不到曾经预言的完全智能化。人工智能的第二次发展高潮发生在 1980 年到 1987 年间。概率统计是第二次发展中采用的主要方法，典型应用为专家系统。专家系统依据从专业知识中推演出的逻辑规则解决某一特定领域的问题。卡耐基梅隆大学设计了 XCON 专家系统，每年为 DEC 公司节省数千万美金。但是，由于专家系统的应用领域过于狭窄，而且更新和维护成本非常高，市场的需求持续下降；人工智能迎来了第二个寒冬。

以杰弗里·欣顿（Geoffrey Hinton）提出的多层神经网络深度学习算法为开端，人工智能在 2006 年迎来了第三次发展高潮。得益于 CPU 和 GPU 的不断迭代，计算机的算力持续增强，这给人工智能提供了推力。随着互联网的普及和硬件成本的下降，网络上出现了海量、多样化数据，为人工智能提供了燃料。在此基础上，云计算、大数据、机器学习、自然语言和机器视觉等领域迅速发展。一项项人工智能的研究成果不断刷新着媒体头条，如谷歌无人驾驶汽车、苹果 Siri、AlphaGo 等。人工智能逐渐渗透到健康医疗、交通出行、销售消费、金融服务、媒介娱乐和生产制造等领域，推动着各行各业的创新升级。

新一代人工智能蓬勃发展，出现了大数据智能、群体智能、跨媒体智能、混合增强智能等方向，呈现出深度学习、跨界融合、人机协同、群智开放等新特征。同时，设计经历了农耕时代传统设计和工业时代现代设计的进化，已经进入创新设计的新发展阶段[1]。设计和人工智能间的互动愈发频繁和密切。人工智能已经成为设计的基本材料，具备了一定的设计能力，革新了设计实践方法，使人机合作呈现出新的范式。设计智能已经成为内涵明确、边界清晰的研究领域。

从能力的视角，深度学习尤其是生成对抗网络（GAN）快速发展，不仅使得人工智能技术在图像识别、语音识别等领域取得了巨大突破，而且使得人工智能具备了一定的创造能力。许多计算机独立生成，或在设计师辅助下生成的图像、音频、视频和文本等作品，已经具有了一定的创新性。与此同时，跨媒体推理、大数据知识挖掘、人机交互等理论、方法和技术迅速发展，人工智能成为推动设计发展的强大力量。

从实践的视角，人工智能利用其强大的计算能力与持续的学习能力，已经革新了需求分析、创意激发、原型生成、设计评价等各个阶段，并将大众、消费者等群体纳入设计过程中。设计实践出现了体验计算、大规模定制化生产等新方法，实现了从设计单个产品到构建生成规则、产出一类产品的转变。

本书将讨论人工智能具备的设计能力、人工智能带来的设计实践方法的转变，并以平面广告设计、短视频编辑等领域的设计实践为例，尝试性地描述这种新的设计范式，总结设计智能的发展趋势。具体地，第二章将描述设计的思维与知识的基础，介绍设计能力组成、设计实践方法。第三章、第四章将从规则与数据两个角度描述人工智能具备的设计能力。第五章、第六章

---

[1] 中国工程科技知识中心创新设计分中心介绍。http://dsgn.ckcest.cn/index.php?m=content&c=index&a=show&catid=220&id=6674。

将从设计的阶段、参与的人群两方面描述人工智能带来的设计实践改变。最终，我们将在第七章总结设计智能这一发展趋势下的设计范式。

本书希望能帮助各位读者概览人工智能具备的设计能力、人工智能背景下的设计发展趋势，为未来的设计实践提供启发与思考。

第2章

创新能力与设计实践

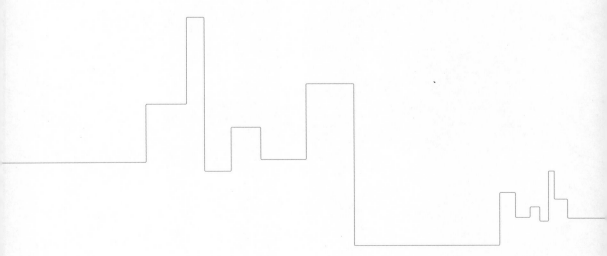

　　生活中设计过的产品与服务无处不在，那么，如何通过设计得到这些产品和服务呢？先看一个简单的设计任务："设计一个保护鸡蛋的方案，使得鸡蛋从尽可能高的地方掉落不碎。"完成这个设计任务需要收集资料、探索各种想法、制作测试原型，最终得到合理的设计方案（见图 2.1）。

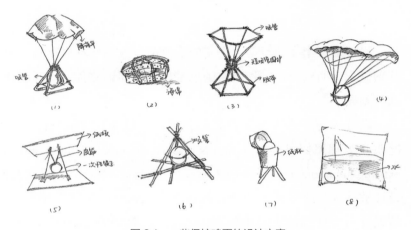

图 2.1　一些保护鸡蛋的设计方案

　　设计研究分析创新能力来源、设计实践过程，为设计师提供方法建议和参考。例如，研究者分析了参与者采用草图或原型进行设计的结果（Dow, Heddleston & Klemmer, 2009）。研究表明，尽管制作、测试原型增加了参与者压力，让参与者变得有些无所适从，但显著提升了参与者的表现。同时，研究者明确了这一方法更好的原因：参与者通过制作原型了解真实发生的事情，快速学习、调整。

　　从上述案例中可看到，设计研究可发现影响设计表现的关键要素和原因，改进设计方法，支持创新。在人工智能的时代背景下，设计师有了新的合作对象——人工智能，大量自动化、半自动化的设计应用不断出现。厘清这些变化需要对创新能力与设计实践过程有深入了解，并从中挖掘人工智能可能的影响与机会。本章将介绍设计的特征、设计模型、设计认知的研究意义等内容；并用一个实例，介绍设计研究的典型流程，为人工智能场景下的设计研究提供参考。

2.1 设计创新基础

2.1.1 设计特征

设计是一个专业行为。在实施设计前，人或计算机首先需要了解设计的基础概念，明确设计过程所需的思维模式、知识储备，理解设计与创新的联系与差异。

设计来源于人类改变世界的需要。设计就是"采取行动，将当前的情况改变为理想情况（To design is to devise courses of action aimed at changing existing situations into preferred ones）"（Simon，1969），因此人人都在设计。设计被认为是改变世界的最大驱动力（Mathers，2015）。许多学者都在尝试给设计一个明确的定义（见表 2.1）。例如 2015 年 *Design Science* 第一期中，编委就设计给出了 20 余种不同的阐述（Papalambros，2015）。

表 2.1　设计的定义

设计的定义	来　源
设计是为了改善状况和境遇，为实现一个期望的未来状态而提出特定方案	（Gero, 1990）
设计建构了关于人造物、过程，或者设备的描述，这种描述满足性能标准和资源限制，并满足可测试、可生产、可复用等要求	（Tong & Sriram, 2012）
设计是一种创新的活动，目的是为物品、过程、服务以及它们在整个生命周期中构成的系统建立多方面的品质	（尹碧菊, 等, 2013）
设计是为人类有目的的活动规划实施结果的面貌和实施的路径。设计的目标是满足物质、精神与社会需求	（谢友柏, 2018）
工业设计是一种战略性地解决问题的方法和流程，它能够应用于产品、系统、服务和体验，从而实现创新、商业成功和生活品质的提升	世界设计组织（World Design Organization）
采取行动，将当前的情况改变为理想情况	（Simon, 1969）

从上述定义中可发现一些设计的共性。设计的目标是达到一个当前尚不存在的期望状态或理想情况。这种期望状态通常难以被现有的方案满足。例如，在尚未出现小型无人机时，自由、低成本的航拍就是一个期望状态。热气球、飞机等设计方案成本较高，难以广泛使用。有了"小型无人机"后，才实现了自由、低成本航拍。

为实现设计目标，设计需要解决的问题通常是结构不良的（ill-structured problem）。那么，什么是结构不良呢？一个问题可按照目标、起始状态、解决问题的操作、限制条件等属性分为结构良好问题 / 良构问题（well-structured problem）、结构适中问题（moderately-structured problem）和结构不良问题（ill-structured problem）（见表 2.2）。其中，结构良好问题有定义明确的目标、起始状态、解决问题的操作等。例如一元二次方程，初始给出的条件明确，有标准解题步骤，有正确答案。结构适中问题拥有相对明确的目标，但存在多种可选的操作来解决问题。例如拨打销售电话，目标是销售产品，但如何组织语言、说服对方购买则有很多种方法。结构不良问题则在目标、起始状态、操作等方面未定义明确、不确定性大。如手机设计，最终要实现的性能指标、设计方法等均无"正确"的标准。

表 2.2　三种问题的特征

	结构良好问题	结构适中问题	结构不良问题
目　标	定义明确	大多是明确的	未定义明确
起始状态	定义明确	未完全定义	未定义明确
解决问题的操作	定义明确	多种可能操作	未定义明确
限制条件	定义明确	大多是明确的	未定义明确
范　例	按菜谱做菜、解谜	设计表格、打销售电话	设计产品、绘制肖像画

设计问题具备典型的结构不良特征。设计问题通常较为复杂，通常依靠设计师的观点而非固定标准来拆解问题、构想方案可能的效果。因此，设计问题的起始状态是未定义明确的。设计方案的产生过程常常是偶然的、随机的，并非由特定的步骤或操作产生；人们常用"神来之笔""灵光乍现"等词

汇来描述。设计方案也难以用对错进行评价，只能根据特定场景的需求评价相对的好坏。

2.1.2 设计思维

思维与知识是设计师解决设计问题的基础。明确设计中的思维形态、采用的推理方法，可帮助我们理解设计问题的解决过程。

设计中的思维涉及多种形态，包括抽象思维、形象思维、灵感思维等。

抽象思维采用抽象、概括等方式抽取事物的本质，揭示事物内部的联系。例如，对于人这个概念来说，非本质的属性包括年龄、肤色、性别、职业等，本质属性包括能够使用工具达成目标等。因此，我们可以判断小孩和成人都属于人这一概念。同时，可以根据人的属性推理小孩和成人均不能忍受高温，以此确定所接触产品部位的温度范围。

形象思维是凭借头脑中存储的表象进行的思维形式。这种表象描述了一类事物的共同特征，具体直观，同时具有典型性、概括性。典型如，我们能够想象苹果、广场等事物的样子。设计师首先对所要设计的产品、服务等有形象的认识，随后进行创造或者改造。

灵感思维，也称为直觉顿悟，是指设计师借助直觉，迸发新的领悟或者想法的一种思维形式。灵感是突发、偶然、与以往想法不同的。为了产生灵感，设计师往往需要先做好充分的准备并探索，贮备相应的知识；随后，偶然在某个时间、地点或条件下，发现以往忽视的信息或联系，进而意识到灵感；最后，对尚模糊的灵感进行检验、验证。

抽象思维、形象思维、灵感思维中涉及大量的推理过程。推理是从已有信息获得新的信息或知识的一种思维方法。设计中常用的推理方法包括演绎推理、归纳推理、反绎推理（也称为溯因推理）、类比推理、综合推理等（Fischer & Gregor, 2011）。演绎推理是指通过一般原理推论特定条件下的结论。例如，根据材料的性能参数选择适用于无人机外壳的材料。归纳推理是指从事实中概括一般的原理。例如，通过用户的行为数据归纳无人机的续航时间需求。

溯因推理、类比推理与综合推理支持了设计中的创新。溯因推理是指根据事实推测最佳解释的过程。在设计开始时，设计师通常没有足够的信息或者知识。因此，设计师常常利用溯因推理假设存在的问题、限制条件等，提出设计方案（Lu & Liu，2012）。同样以无人机的设计为例，设计师认为增强用户的使用意愿是关键问题。可假设影响使用意愿的因素，如外观、操作难度、使用场景、价格等。随后，设计师进一步调查发现，无人机的操作难度是一个关键因素。为此，设计师优化算法、改进无人机交互方式，实现更智能、更易操作的无人机产品。

类比推理是依据两个对象之间某些属性存在的相似关系，推出它们在其他属性也相似的过程。由于两个对象通常处于不同的领域或学科，类比使得设计师从新的角度考虑设计问题、迁移知识（Goel，1997）。例如，设计一个书柜，设计师根据书柜与房间、热气球等对象共同拥有的"容纳"这一功能（见图 2.2），推理它们在材质、外观等属性上也可以相似，从而提出有弹性的书柜等设计方案。

图 2.2　与书柜类似的物品

综合推理是基于形象思维的特征提出的一种推理模型。形象思维中更多采用综合、分析，而非演绎、归纳得到结果。综合推理的输入是两个或者两个以上的表达，以及综合要求，输出的是综合结果。综合推理将输入的表达视为源，采用场描述源在参加综合时的影响力，将多个源构成一个综合的空间。随后，在这个空间中根据综合要求进行定位，获得综合结果。可以看出，只要参加推理的源具有可比的结构、可以构成空间，即可实施综合推理；综合要求也是比较灵活的。如果我们以已有成功的设计方案作为综合推理的源，生成综合结果，综合推理就可以利用已有方案解决新的问题。

用一个广告设计为例说明综合推理的过程。为简单起见，我们仅考虑两幅广告 A 和 B 作为输入。如图 2.3 所示，广告 A 和 B 的复杂程度可能不一，但只要我们用合并等方法，建立 A 和 B 在背景、主体、色彩、构图等部件上的对应关系，即可建立综合空间。随后，将 A、B 的背景、构图等部件进行综合，我们可以得到一幅新的广告。这幅新的广告的背景、色彩等虽然来自已有的广告，但产出了新的结果。调整 A 和 B 的各部件对最终广告的影响力大小，或者调整综合要求，都会改变最终生成的广告效果。从而，我们有望获得大量丰富多彩的广告方案。

广告A和B　　　　　　　　　　　　　综合推理的部分结果

图 2.3　由广告 A 和 B 作为源，综合推理出新的广告

2.1.3　设计知识

知识支持了设计师的思维过程，是设计师解决设计问题的另一个重要基础。

知识是经过记忆存储、整合和组织的信息。语言与心理表象是两种重要的知识表征方式。语言是人类不同于其他物种的典型特征，大量的知识都是语言形式的；语言中的语义、词汇等反映了概念、关系及知识结构。例如，无人机这个词汇指向一类远程操控、不载人的飞机，是飞机的子集。心理表象是一种知识的视觉表征，让人"看到不在眼前的事物"。设计师的形象思维，例如对无人机使用场景、使用过程的想象就依赖于无人机的心理表象。

可采用功能-行为-结构模型描述设计问题解决中的知识（Gero，1990；

Gero & Kannengiesser，2007）。如图 2.4 所示，在功能–行为–结构模型中，功能指设计方案的目的（What it is for）；行为指方案所能做的（What it does），可进一步分为目标行为与结构行为；结构指设计方案的部件与组成（What it is）。例如，在玩具小车的设计过程中，功能是娱乐，行为是移动，结构包括电池、轮组、传动机构、外壳等。功能、行为、结构间的转换描述了设计中知识的推理、转换过程。

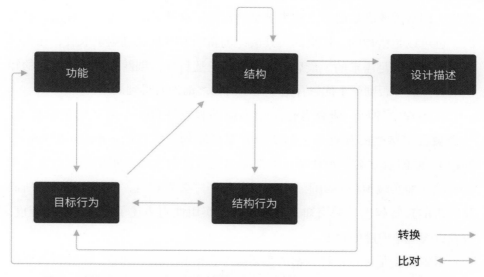

图 2.4　功能–行为–结构模型 [图片修改自文献（Gero & Kannengiesser，2004）]

从更广义的设计实践过程看，知识可用三个维度、六个类别来描述：

过程的知识，指设计、生产、商业过程的知识；

产品的知识，指产品的要求、结构、几何形态等知识；

形式化的知识，指可被记录下来，形成手册的知识，如功能、结构等；

隐性的知识，是指经验、直觉等难以描述的知识；

汇编的知识，指从经验中得到的可被描述为规则、案例的知识；

动态的知识，指汇编以外的，用于产生新知识的知识，例如推理方法、通用问题解决方法等。

2.1.4 设计评价

设计方案呈现了设计问题的求解结果。随之而来的一个关键问题是：应如何评价、选择设计方案？创新是一个经常与设计同被提起的概念，常被作为评价设计方案的标准。

创新需采用之前未采用的知识、满足尚未满足的需求（对应前述设计问题），并在竞争中取胜（谢友柏，2018）。这个描述包含了创新的三个要素。首先，创新需要满足的是之前未满足的需求；这种未满足的需求可以是物质的、也可以是精神的、社会的。其次，创新的方案是经过竞争取胜，在类似方案中最能满足需求的。最后，为了实现上述目标，创新必然要采取新的知识或者方法，否则就不能解释这个需求为何之前没有得到满足。

在心理学领域，研究者也采用类似的观点评价一个方案的创新程度。一个被普遍接受的观点是：创新的方案是原创且实用的（Runco & Jaeger，2012）。原创指方案是否独特，类似方案是否已被提出；实用性指方案是否能够较好地实现预期的功能。与前述的创新三要素相对，原创性描述了所满足需求的独特程度、采用知识的新颖性；实用性则描述了需求的重要程度，以及方案竞争取胜的程度。

尽管创新是评价设计方案的重要标准，但并非部分创新，或创新较弱的设计方案就没有价值。实际上，大部分设计方案创新属性并不十分突出。这主要有两个原因。

第一，创新分为个体层面的创新（personal creativity）和历史层面的创新（historical creativity）（Boden，1998）。前者是与人自己的经历比较，如小孩第一次画人脸。这个肖像创造对这个小孩来说是一个创新的行为，但对他人并不是。后者指历史上都没有人创造过类似的东西，如爱因斯坦的相对论。由于设计师本身知识、能力的限制，在大多数情况下，设计师提出的方案都偏向于个体层面的创新，少有历史层面的创新突破。

第二，设计中的需求多样。既有对创新要求较高的需求，也存在仅做了很少延伸、已存在较为完善的解决方案的设计需求。这使得大部分方案中存在可以继承已有方案的部分，并非每一部分都需要全新的知识支持。例如，面对定制一套西装，或者定制一部电梯的需求，设计师采用已有的、成熟的电梯方案即可满足要求。即使是小型无人机这样的需求，无人机中的电机结构、无人机的外壳材料等均可参考已有的、成熟的技术来实现。

在设计实践中，设计师会根据需求确定设计方案需达到的创新程度。当前，设计智能已能够低成本、快速地完成创新较弱的设计方案，进行产业化应用。典型如，将照片转变为名画风格，或者按照模板对广告素材进行自动、半自动化的排版等。随着对设计、创新的深入理解，人工智能等技术的进步，设计智能的相关算法与应用有望进一步发展，与设计师一起提出高创新的设计方案。

2.2　设计能力组成

2.2.1　设计问题的求解框架

本节试图回答：在设计过程中，设计师如何求解设计问题，得到一个典型的设计方案？为此，我们回顾研究者提出的设计过程描述框架，以及设计师采用的典型设计方法与设计策略。

研究者从多个角度描述设计过程。第一类描述框架关注设计师的认知加工过程，典型如"思考–表达–反思循环"（见图 2.5）。该类描述框架将设计师的行为总结为绘制、检查、思考三类行为的循环（Cross，1982），或信息搜集、信息刺激、方案产出的循环（Howard，Culley & Dekoninck，2008）。思考–表达–反思循环关注设计过程中的三类关键行为：①针对特定问题，产生灵感；②借助草图、原型等方式表达设计方案；③对方案进行反思，推进想法、发现新的灵感。这种把表达作为思考的重要组成部分，借助表达的草图或者原型激发灵感、以解决设计问题的行为，是思考–表达–反思循环的重要特征。

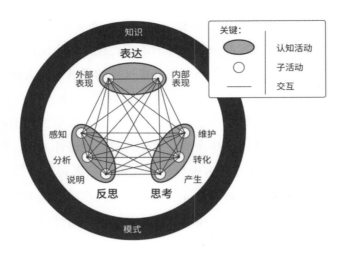

图 2.5　设计过程的思考-表达-反思循环 [图片参考文献（Hay et al., 2017）]

　　如图 2.6 所示，以座椅设计的例子说明思考-表达-反思循环。设计问题为"为公园等公共场所设计一个座椅，可多人使用，贴近自然。"当设计师想到豆子座椅这个方案后，用草图表达拥有豆子叶片的座椅，并在此过程中不断反思。豆子叶片让设计师联想到遮雨的功能，发现了"听雨"这个新的设计灵感。可以发现，这种思考-表达-反思的循环支持了方案的持续产生。

　　第二类描述框架关注设计中问题与方案的变化，典型如"问题-方案共进化"。"问题-方案共进化"框架采用"问题-问题""问题-方案""方案-方案""方案-问题"四种关系描述了设计过程中问题和方案的进化方式。该模型强调设计问题与设计方案是相互激发、共同进化的（Dorst & Cross, 2001）。所有问题构成的集合即"问题空间"，所有方案构成的集合即"方案空间"。问题空间和方案空间的状态随时间持续变化。在设计过程中，设计师根据其对设计问题的理解提出新的设计问题（定义），或提出设计方案（生成）；设计师对设计方案的评估产生了新的设计问题（分析），或激发了新的设计方案（改进）。

　　问题-方案共进化模型（见图 2.7）也描述了设计过程中的发散与收敛特征。设计师定义、细化问题，并根据问题生成方案。这个过程发散了问题空

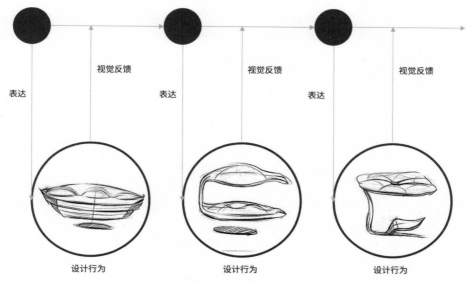

图 2.6　设计过程的思考-表达-反思过程

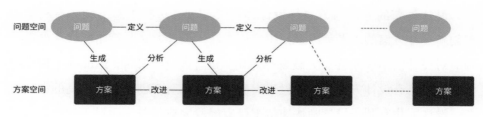

图 2.7　问题-方案共进化模型

间与方案空间；进而对问题和方案进行评价，选取问题与方案进一步发展，收敛了问题与方案空间。在发散与收敛的过程中，设计问题与设计方案持续变化。如图 2.8 所示，设计过程呈现发散收敛交替进行、整体先发散后收敛的特征（Leifer & Steinert，2011）。

　　问题与方案的共进化现象普遍存在于设计过程中。如在座椅设计一例中，设计师在提出豆子座椅之后，关注到它的叶片可以遮雨，联想到下雨天座椅使用不便，提出了如何扩展座椅使用场景这一问题。这个座椅使用场景的新问题，是在设计过程中，由设计方案激发产生的。

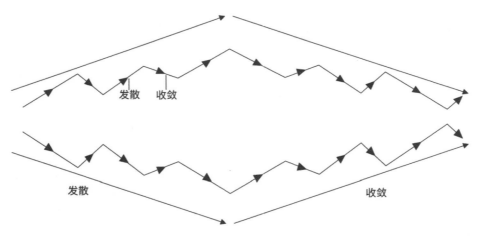

图 2.8　设计过程中的发散-收敛特征

2.2.2　设计创新的方法

设计创新的方法与策略是设计师在长期设计过程中总结的，有利于产出创新设计方案的思考策略、知识应用方法。设计方法与策略能够帮助设计师应对设计的不确定性、突破设计固化。设计固化（design fixation）指设计师局限于已有设计方案，难以做出突破的现象。对于创新要求不高的设计任务，设计固化有利于设计师快速依据已有经验完成任务；而对于创新要求高的设计任务，设计固化主要为负面影响（曾栋等，2017）。

从思维上支持设计的方法包括启发式规则、心理模拟等。

启发式规则是一系列偏向直觉的、启发式的设计规则。典型的启发式规则如"将使用场景作为设计方案的一部分""将一个设计方案的部件应用于其他设计方案"等（Yilmaz & Seifert，2011）。这些通用性强的策略支持设计师快速定位问题、改进设计方案。

心理模拟支持设计师快速地模拟特定场景中的用户、设计方案等，从而发现设计问题、评估设计方案在特定场景下的表现等，支持设计师设计（Ball & Christensen，2009）。例如，如图 2.9 所示，设计师在面对室外家具设计这个设计任务时，可想象用户使用家具时的行为，可能遇到的问题；或者针对

图 2.9 户外家具使用场景的心理模拟

某个设计方案，想象多种室外场景下此方案的效果等。

从知识上支持设计的方法有信息刺激、基于案例的推理、生物激励的设计等。

信息刺激在设计过程中提供信息，支持设计师产出方案。信息与设计问题的相似性是影响信息刺激效果的关键。陌生领域的信息能够激发设计师的灵感、提升原创性，相关领域的信息则能够辅助设计方案的实现、提升实用性。交替地考虑陌生与熟悉领域的信息可提升设计方案的创新性（Goldschmidt，2015）。进一步细化信息与设计方案的相似性，语义上的相似比形态上的相似更能够激发设计师的灵感，结构相似的图片比外观相似的图片更有利于方案原创性的提升（Tseng et al.，2008）。

基于案例的推理寻找与当前设计问题相似的、已被解决的问题，随后，参考对应的设计方案解决当前的设计问题（Goel，1997）。具体步骤包括：相似案例检索、案例重用、案例的修改与调整、案例学习等。例如，在设计书柜时，设计师可能会将车库作为参考案例，提出像车库门一样的卷帘式开合的书柜（见图 2.10）。采用此方法得到的设计方案进一步充实了案例库。在案例推理方法中，两个或两类事物间越不相似、"距离越远"，通常越难找到联系，但与此同时，也会有较大概率产出创新方案。

图 2.10　根据车库这个案例提出书柜的改进设计方案

生物激励设计起源于 20 世纪 50 年代，或称为仿生设计。研究者认为，地球上的生物在长期的进化过程中，发展出了应对各类问题的结构或者行为模式，这些结构与行为可支持设计。生物激励设计利用这些生物现象、生物领域知识等提出设计方案。广义来说，生物激励设计也是一种案例推理方法，但更强调跨领域（生物-工程）的相似与类比。

由于生物领域知识与工程领域知识的差异，生物激励设计的关键包括两方面。一是建模生物领域知识，将生物解决的问题、所涉及的结构与技术、应用案例进行归纳总结，建立相应的数据库。例如不沾水的荷叶，采用超声波探测空间的蝙蝠等。二是提出生物领域知识与设计方案的类比迁移方法。可根据设计问题或设计方案在数据库中进行搜索，参考相关的生物结构进行设计（Helms et al., 2009）。也可根据功能特征、环境特征检索生物知识，将设计领域中的功能、行为、结构等与生物的功能、行为、结构进行对应，实现创新的类比推理。

以防水泼服装设计为例。针对防水泼服装这一设计问题，检索相关的生物原型，如鹅的羽毛拒水、荷叶拒水等（见图 2.11）。综合考虑技术可行性，对比选择荷叶作为后续重点分析对象，确定荷叶拒水的功能、行为、结构等特征，将荷叶的结构迁移至服装面料的制作中，实现防水防污的效果。

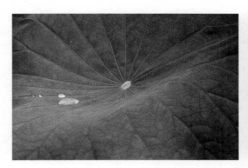

图 2.11　根据荷叶的原理设计的防水泼服装

思考讨论　常用设计方法

请阅读本节中提及的文章，或采用设计启发、生物激励设计等设计方法完成设计。请思考：计算机可以如何支持设计师应用此类设计方法？

设计师通过合理应用设计方法与策略，求解设计问题，产出创新的设计方案。因此，计算机也应具备类似的设计能力。从思维与知识的角度看，计算机易于处理演绎、归纳等抽象思维涉及的推理方法，难处理类比推理、综合推理等与形象思维、灵感思维相关性强的推理方法。在知识上，易于处理显性的、以算法符号表达的知识，较难处理隐形的、以文字图像表达的知识。如何形式化设计中的思维模式、知识，进一步形式化设计问题与方案、实现设计方法与策略，是计算机单独，或与设计师配合产出设计方案的关键，将在本书第三、四章进行讨论。

2.3　设计实践过程

2.3.1　设计实践的阶段模型

设计实践关注在实际的设计过程中设计师如何拆解定义设计问题，提出灵感、方案，交付产品。设计能力研究偏微观视角，关注单个设计方案产生过程；设计实践研究偏宏观视角，关注从设计问题到实际产品的全过程。例如，英国设计委员会提出设计的双菱形模型（见图 2.12），用发现（discover）、定义（define）、发展（develop）、交付（deliver）四个阶段描述设计实践[1]。发现指发现、理解问题；定义指定义问题；发展指为问题提出各类解决方案；交付指测试、改进方案。其中，发现、发展两个阶段专注于广泛深入的探索，定义与交付两个阶段专注于收敛、采取特定行动。

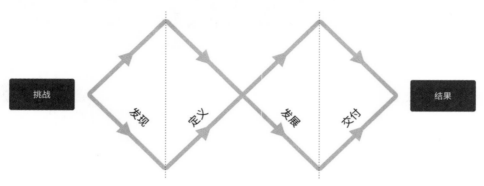

图 2.12　双菱形模型（修改自英国设计委员会网页中图）

除了双菱形模型，类似模型大多也根据从问题到方案，再到产品的转变来划分设计阶段，引导设计实践。例如，谷歌提出设计冲刺（design sprint），包含理解、定义、发散、决定、原型、验证等阶段[2]。在设计冲刺中，理解、定义两步厘清设计问题，发散、决定两步提出初步方案，原型、验证两步制作与测试原型。斯坦福 d.school 提出设计思维，将设计实践描述为同理心、定义、概念生成、原型化、测试等模块，包含从问题定义到方案成形的全过程[3]。

上述模型的目标和适用领域有所区别。双菱形模型是一个通用的模型，采用了最宽泛的阶段划分，仅强调了方案探索与实现两个大的"菱形"，能够支持各类公共、私有机构的设计实践，帮助他们实现创新。斯坦福的设计思维的目标是实现"以用户为中心"的设计，因此强调同理心这一模块，采用观察、访谈等手段了解用户需求，随后进行详尽的概念生成等步骤，整个

[1]　源于英国设计委员会网页，What is the framework for innovation? Design Council's evolved Double Diamond https://www.designcouncil.org.uk/news-opinion/what-framework-innovation-design-councils-evolved-double-diamond。
[2]　Google Design Sprint 方法，https://designsprintkit.withgoogle.com/methodology/overview。
[3]　斯坦福 d.school 设计阶段，https://dschool.stanford.edu/resources/design-thinking-bootleg。

实践过程通常会持续几个月的时间。设计冲刺是一个时间短（一般以周为时间单位）、敏捷的设计实践方法，更适宜在设计问题较为清晰明确的情况下，快速尝试合适的解决方案。

设计师与消费者是设计实践中的两个重要群体。设计师以个人或团队形式主导设计实践，进行需求分析、概念生成、产品测试，满足利益相关者的诉求。消费者是设计师关注的对象，参与需求分析与测试，也可通过参与式设计等方式支持概念生成与原型建构。现有的设计实践大多以设计团队为主导，依赖设计师的洞见产出方案；消费者作为设计师的重要灵感来源，配合设计师完成设计。

2.3.2　设计实践的工具

本小节将介绍设计实践中用到的典型方法与工具，例如描述用户特征的用户画像（persona）、产生各类创意的头脑风暴、帮助方案评价的体验原型等。同时，也将介绍包含多种工具的卡片集，例如 IDEO 方法卡片集、斯坦福设计思维卡片集等。

用户画像方法由 Alan Cooper 引入设计领域，是指构建一个虚拟的形象来代表典型用户，描述用户特征。用户画像的数据来源于访谈、问卷等用户研究方法，或设计师对用户群体的深刻了解。常见的用户画像描述了虚拟用户的形象、个人信息、日常行为、遇到的问题、特点、需求、目标等。其中用户形象、名字等信息多为虚拟，用于增强设计师对用户画像的同理心。另一种用户画像由数据驱动，其属性来自对大量数据规律或者模式的分析，因此包含的属性通常较少，多为提要性的描述。设计师可利用这些信息理解用户所处的情景与诉求、做出设计决策。同时，项目的利益相关者也能借助用户画像沟通需要解决的问题，提升设计效率。

头脑风暴指一群参与者不受任何限制地就某一个问题或待讨论的主题发散思维，得到想法或创意。例如，日常生活中面对问题时，一个通常的做法是找几个人讨论、收集想法，希望能有所启发；这一集思广益的过程即可视为一个简短的头脑风暴。头脑风暴的一些执行原则包括（Osborne，1957）：

自由畅谈，营造一种自由的气氛，鼓励大家自由发表意见，不必拘束于自己的想法是否合理；禁止负面评论，专注于提出新的想法；鼓励互相启发，希望通过群体的讨论，互相激发，得到优于个人表现的结果；追求数量而非质量。头脑风暴较为灵活，可采用文字、卡片、草图、模型等多种方式，可在设计实践的任何阶段使用。

体验原型指利用现有的工具或材料制作的一个具备设计方案功能、可被使用的原型。体验原型的功能可以采用其他方式模拟，并不要求真实实现。借此，体验原型提供了与真实产品类似的使用体验。用户能够看、听、摸到体验原型，使用它模拟完成任务。设计师可观察到用户的使用方式，发现一些可能未注意的问题，并评估环境、时间、社交等因素对产品的影响。体验原型也能够作为一个沟通载体，让团队成员、客户尽早地接触和理解产品方案，据此进行讨论和改进。

除了这三个方法外，尚有如旅程地图、流程分析、专家走查等支持问题发现、方案生成、原型测试等阶段的方法。IDEO 等机构依据设计实践阶段将这些方法、工具组织起来，形成了 IDEO 设计方法，斯坦福设计思维等卡片集，支持设计师随时查阅选用。

IDEO 设计方法卡片集是 IDEO 制作的，用于指导设计实践的一系列方法卡片，分为学习、观察、询问、尝试四类，共 51 张。在每张卡片上，IDEO 标明了方法名称、如何执行这个方法、使用此方法的情景、一个应用案例，以及一张示例图片 [1]。例如，在文化探针（culture probe）方法卡片上有如下说明。

如何做：整理一个相机日记工具包（包含相机、胶片、笔记本、指导等），给同一文化或多个文化的参与者。

为什么做：收集、评估不同文化下的感知和行为。

案例：采用这个方法探索不同文化的人们护理牙齿的方式，帮助 IDEO 团队理解其中的重要相似与不同之处。

---

[1]　IDEO 方法卡片介绍 https://www.ideo.com/post/method-cards。

图片：给出了多张人们正在刷牙的图片，显示此种方法收集到的数据的形式。

当设计师需要让人们参与信息收集，决定使用文化探针这一方法时，即可按照卡片记载准备好日记工具包，指导参与者拍摄照片、撰写日记，分析参与者在日常生活中使用某个产品的行为和观点。

斯坦福设计思维卡片集中拥有与 IDEO 卡片集的类似方法，但具体的组织形式有所不同。斯坦福卡片集根据设计思维的五个设计阶段组织方法与工具。每个方法的介绍包含一张介绍执行情景的图片、方法优势与产出，以及方法的执行步骤。事实上，除了 IDEO 和斯坦福卡片集，尚有超过百个设计方法的卡片集已被应用于设计实践中。这些卡片集描述了同一个设计方法在各种场景下的价值与方法间关系。例如，创新思考、以人为中心的设计、团队合作等三种目的的设计方法卡片集将头脑风暴用于不同任务中，并针对性地调整了头脑风暴的参与人群和使用的载体。

随着人工智能的发展，设计实践的基本阶段，如问题定义、方案生成、原型制作等未发生大变化。但设计实践中数据的量，参与者的构成、人数，设计方案采用的技术、实现的功能都发生了大幅改变；这些改变带来了新的设计方式和设计机会。本书将在第五、六章，从设计阶段与参与者两方面讨论人工智能支持的设计实践。

2.4　设计研究方法

2.4.1　设计研究类型

设计研究综合采用多种方法研究设计过程，提升设计能力，改善设计实践。设计能力相关研究多为针对设计的研究，其基础是认知科学。认知科学是为了研究人的智能、其他动物的智能即人造系统的智能的科学，与哲学、心理学、语言学、人类学、计算机科学、神经科学等学科有关（史忠植，2008）。认知科学的研究内容包括感知、注意、记忆、思考、归类、推理、决策等（Galotti，2017）。日常生活中认知过程无处不在。例如，人行走时涉及的认知过程包括：注意环境、感知有用的信息、识别信息的模式、调用记忆等。

认知科学为设计能力的研究提供了框架与理论基础。例如，解释认知过程的信息加工框架将人的认知过程比作信息计算，核心观点是认知可被看作信息（人的所看、所听、所读、所思）经过系统（意识）加工的过程。可以信息加工框架为基础梳理、分析设计过程中的认知阶段，厘清方案产生的过程（Hay et al.，2017）。此外，认知科学对记忆、推理等认知活动的研究成果，是研究设计过程中相应认知活动特征的基础。借此，研究者试图建立一个"设计的科学"，从认知角度对设计能力进行分析、建模，我们从而可以明确设计师的推理、决策等思维模式，了解设计师在实践中如何选择、实施设计方法，应对真实世界的不确定性（见图 2.13）。

设计实践的研究则与通过设计的研究（research by design）、为了设计的研究(research for design)两种研究类型更为相关(Frayling,1993)（见表 2.3 ）。研究者通过持续的测试、迭代改进原型或产品，获得用户、消费者的反馈，进而得到对相关问题的洞见，最终产出创新的设计方案。针对设计的研究的主要对象为设计过程，而通过设计的研究、为了设计的研究的载体为设计的原型或产品。上述研究类型中的研究方法可大致分为定性研究与定量研究两类。

表 2.3　按照研究目的分类的研究方法

研究目的	说　明	范　例
针对设计的研究	以设计过程为研究对象，分析设计特征，得到对设计过程/设计方法的深刻认识	设计实验、案例研究、计算机仿真
通过设计的研究	以设计方案在环境中引发的反应作为研究对象，观察方案或原型在环境中激发的用户反馈，以获得对设计问题、设计方案更深入的了解	原型测试
为了设计的研究	以设计方案为研究对象，探索、改进、完善设计方案，以产出方案，而非口头交流的知识为目的	艺术创作

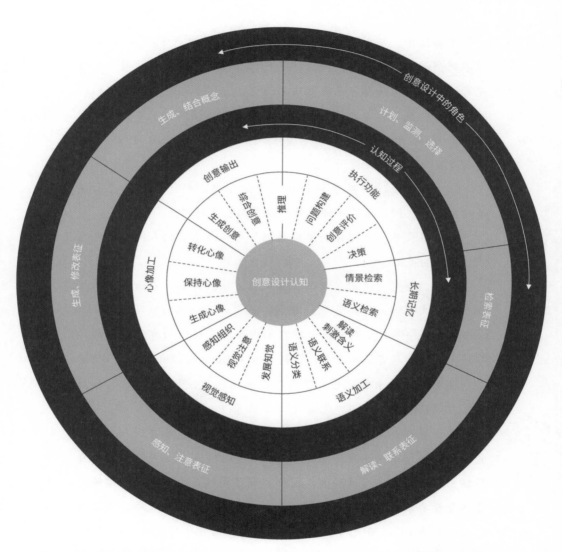

图 2.13　概念设计中认知过程的类型，中心圆环显示了设计认知加工过程，外侧显示了这些认知加工过程在设计过程中的角色 [重绘自文献（Hay et al., 2017）]

扩展阅读　采用设计认知研究改进头脑风暴

在实践中，头脑风暴的效果变化较大，使用者常有效率不高、得不到创新方案的感受。那么，是什么影响了头脑风暴的效果？研究者访问参与者头脑风暴过程中的感受，分析参与者提出方案的时间、数量，监测参与者间的互动行为，整理头脑风暴中参与者提出方案的规律（Diehl & Stroebe, 1987；Paulus & Dzindolet, 1993）。上述研究发现了两个关键因素。

（1）同伴压力。尽管执行原则中鼓励自由畅谈、禁止负面评论。参与者仍因惧怕他人评价而难以自由表达想法。

（2）搭便车。在团体头脑风暴中，参与者依靠他人提出创新想法，降低自身效率。

据此，研究者提出了新的头脑风暴方法。例如，在头脑风暴过程中采用文字形式收集方案，避免了参与者在众人面前发言的压力（VanGundy, 1984）；或给出一段时间内参与者提出的方案数量的预期值，激励参与者认真参与，提高效率（Paulus & Dzindolet, 1993）。

也有其他的头脑风暴方法可改进上述问题，如"6-3-5"头脑风暴法（Rundi, 2016）。在这种头脑风暴中，以6人为一组，5分钟一轮，每个参与者在一轮中需提出3个方案，然后将这一轮提出的方案传递给下一个人。参与者可在已有方案基础上发散，也可直接提出自己的方案。这种方式同样减弱了同伴压力，且通过每轮的方案数量要求减少了搭便车的行为。与之类似的头脑风暴方法还有C-sketch（Shah et al., 2001），用草图代替语言或文字进行头脑风暴，实现更好的表达方案，激发后续方案的目的；交替书写与草图法（Hsu et al., 2018），采用类似"6-3-5"头脑风暴法流程，但要求参会者交替书写与绘制草图等。

2.4.2　定性研究方法

定性研究采用非结构化的数据探索、研究开放性问题，分析一个现象，或者一种行为产生的原因。典型的定性研究类型包括案例研究、民族志研究、现象学研究等。

案例研究分析一个典型案例中的各种数据，如档案、文献、会议纪要、产品资料等，了解一件事变化发展的历程。典型如一个著名产品的设计过程等。民族志研究对一个群体的生活进行观察，明确群体的文化及其实践。典型如群体使用手机的方式、乡镇长者学习和使用互联网的过程等。现象学关注人们面对事情时的视角和观点。典型如人们在照看老人时的经历和感受、人们使用计算机辅助软件的感受等。

在上述定性研究类型中，常被使用的获取数据的方法包括观察、访谈、文化探针等。观察是指研究者实地观察场所、对象行为等内容的方法。观察可以仅仅记录，也可以参与到观察对象的日常行为和活动中。典型如观察设计公司中的一个项目会议，看看观察对象如何沟通、推进项目。访谈是研究者和研究对象交流、互动的一种形式，主要目的是了解对象的观点和想法。访谈可分为结构式、半结构式、开放式访谈等。典型如访问项目负责人、项目成员关于项目背景、项目进展的看法，借此明确设计项目推进中存在的问题等。文化探针采用活动包等形式，请研究对象拍摄照片、收集相关材料、写作日记等，借此获取人们的回应，了解他们对一件事情的理解或感受。例如，请设计师收集他们日常用到的设计工具、拍摄照片并解释这些工具的作用等。

观察、访谈、文化探针等方法得到的数据较为灵活，常采用扎根理论、框架分析法等发现规律、得到洞见。扎根理论来源于社会学，是在经验的基础上归纳数据、分析总结规律，最终上升到理论的一种方法。如图 2.14 所示，扎根理论的一般流程是：① 开放式编码，从材料中头脑风暴式地进行标签、标注，获得一些基本概念和印象；② 轴心式编码，将概念进行比较，考虑它们之间的联系对概念进行归类整合，形成主要概念、次要概念的认识；

③ 选择性编码/核心编码，发现联系大多数编码的核心类别，初步形成理论框架。扎根理论能够较好地应对定性数据的探索性分析，如建模建筑师在设计过程中考虑的因素（Wong, 2010）。框架分析法与扎根理论类似，但需要研究者首先提出主题框架，随后依据这个框架进行资料分析，更适合较为确定的特定场景，例如某个应用的交互设计过程等。

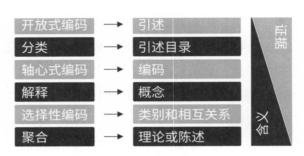

图 2.14　扎根理论研究的实施过程

2.4.3　定量研究方法

定量研究通过可量化的数据，衡量态度与行为特征。典型的定量研究方法包括实验、问卷、模拟仿真等。

在实验中，研究者随机招募参与者，控制设计中的一个或多个变量，分析参与者的行为和表现。实验的优势在于提供了可控的环境，支持研究者对变量的影响进行研究，收集细致、全面的数据（Galotti, 2017）。其弱点在于：① 实验可能忽视真实环境中设计的影响因素，或者未考虑对参与者表现产生影响的其他变量；② 实验环境可能影响设计师的行为；③ 由于设计本身的复杂性，实验很难满足严格的变量控制要求，包括对照组、随机化、高度控制的变量等。

设计实验的数据收集与分析方法包括口语分析、生理信号监测、联系图谱（linkography）等。口语分析方法指导设计师在设计过程中或过程后汇报所思所想，外化原本难以分析的思维过程。联系图谱（linkography）以设计师的观察、查找信息、绘制方案等行为描述设计过程（Goldschmidt, 2014）。如图 2.15 所示，联系图谱将设计过程描述为设计行为与行为间联系的集合，

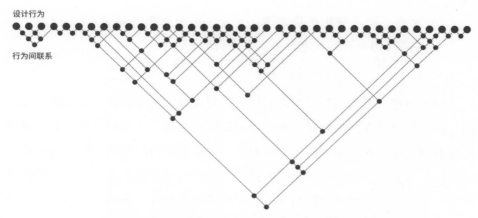

图 2.15　联系图谱描述的一个设计过程（图中连线代表行为间联系）

并将其以一系列点与点之间的连线进行可视化表达。可以据此观察设计过程的关键行为、设计师所处的设计阶段。

　　生理信号包括眼动、脑电、皮电、体温、心电等多种信号。生理信号可提供设计师难以感知或觉察的信息，如眼动显示了设计师注视的区域、时长，与注意、认知负担等指标相关；脑电、脑磁图等显示了设计师脑区的激活情况，与人的专注度、情绪等指标相关。例如，监测设计师绘制草图时的眼动信号，可分析设计师对草图的关注重点，发现草图中更有价值的部分（Sun et al., 2014）。

扩展阅读　脑信号记录

　　脑电是一种常见的非侵入式记录脑信号的技术。在脑电的记录过程中，参与者戴上电极帽，通过放在头皮上的电极来记录大脑活动时产生的信号。由于颅骨、头皮自身的电活动、脑区电信号叠加等因素影响，所以脑电的空间分辨率较差，对干扰比较敏感。但脑电的时间分辨率好，目前常见的脑电设备能达到 512Hz 或更高的信号采样频率，可以较好地支持研究者分析参与者反应、状态等。脑电的原始数据表现为一系列电极上的电信号，需要经过滤波、放大等处理后使用。目前，常用数据包括 alpha、beta、gamma 等频率段的脑电信号、事件相关电位等。

问卷通过一系列问题了解人们的行为与观点。它能够较为容易地收集想法、态度等难以观测的数据，支持远程的数据收集，方便招募参与者。典型的问卷研究用户对产品或应用的满意度。问卷中使用的问题需要专门的设计与验证，可参考已有问卷或研究。模拟仿真通过建立模型或者原型，模仿真实的行为过程，来验证猜想与假设。模拟仿真可估计、预测变量对于结果的影响，适合观察变量之间的相关性。典型如模拟联合（combination）这一策略对设计方案质量的影响等。

定量研究中的数据分析方法发展较为成熟，如针对多种变量差异的方差分析，针对自变量与因变量间关系的回归分析等。一般来说，可根据定量研究中自变量的个数、类型，因变量的个数、类型，分析的目的等，选择适合的分析方法，得到定量研究结果。

2.5　实例：草图思维计算模型

2.5.1　草图思维特征

本节将以草图思维计算模型的研究为例，说明设计认知研究的研究背景、研究思路、研究过程与研究结果。

草图是产品设计中最重要的活动之一，对于概念定位、发展、表达、推演、形成都有着不可替代的地位和作用，草图设计过程和创新密不可分。草图思维，即"绘制图形帮助思考"，是从认知的角度对草图行为的描述。设计师将图形用手记录于纸上，通过眼睛观察和大脑思考、辨别和判断，给原来的图形一个反馈：肯定某些部分，否定某些部分，以及对原有图形的改进和联想、想象，产生新的认知；再对原有图形进行演进，以此往复，构成了草图思维的过程。

　　计算机辅助设计（comptuter-aided design, CAD）系统作为重要的设计工具被广泛应用于产品设计领域，大大提高了设计效率。但传统 CAD 重在绘制和建模（drafting or modeling）而不是设计（design），侧重于设计过程的相对后期阶段，采用程序员熟悉而非设计师需要的交互界面，只得到最终模型却忽略设计过程。因此，传统 CAD 并没有对设计这一创新过程进行有效的支持，甚至有可能阻碍创新过程的连续进行。有效的计算机辅助草图设计需要对草图思维的形式化与模拟，建构草图思维的计算机制。

　　设计认知的研究成果尚难支持对草图思维的形式化描述。目前，研究者研究草图思维的手段较为单一，如通过观察静态草图、录像观察草图绘制过程；比对不同任务、不同背景、不同身份的实验对象，发现其规律等。这使得草图思维的研究成果多为规律总结或趋势描述。如比较设计新手与专家的认知行为频率，明确设计师背景与经历对草图过程的影响（Kavakli & Gero, 2001）。解构、归类设计师的草图行为类别，如绘制阴影、视角辅助、描线等，总结草图设计过程的草图变形规则（Prats et al., 2009）。这些未统合分析设计师认知与行为，忽略草图思维过程中"脑–手–眼"三者配合的研究方法，必然导致研究成果难以量化。

　　此研究拟探索设计师以草图设计为载体进行的设计创新活动，研究设计师的草图认知和行为特征，探索草图思维的计算方法，建立起面向产品设计的草图思维计算模型，进而实现对草图思维的分析，支持对草图思维的形式化表达和模拟，构建起草图思维的计算机制，支持设计实践。

　　草图思维的决定性因素是设计师如何从模糊的草图中识别形状，然后再转换成不同的形状，即在已经完成的内容的基础上，重复观察和产生新思路（Huang, 2008）。

　　草图设计中"脑–手–眼"的配合是实现草图思维计算模型的切入点。有望根据"脑–手–眼"的互动，识别设计过程中设计师关注的具体对象，如是整体还是局部，是线条还是形状等；明确设计行为的目的，如强化原有的特征、改变原有特征或增加新特征等；了解设计师绘制的草图特征、判断草图思维演化规律。

草图思维中的创意拐点有望成为组织草图思维过程，建构草图思维计算模型的关键。草图设计中，设计师思考、观察草图，产出新的灵感。这种灵感启发了新的设计方向，可将之称为创意拐点，持续产生的创意拐点最终组成设计方案。创意拐点概念以产品设计的草图认知和行为规律为依据，统合了脑内的认知过程与外界的表达、观察等行为，有望对草图的表现和演化进行形式化的表达，满足创意启发、思路逆推及创意拐点发现等草图思维计算需求。

基于以上思路，草图思维计算模型的研究内容包括：

（1）产品设计中的草图认知和草图行为。以设计师进行产品草图设计为研究对象，包括：①设计师"看-动-看""眼-脑-手"的草图认知和行为的规律及量化特征；②产品设计中草图行为模式的分类及识别方法；③草图元素（线条、形状和组件）的类别及其特征表现特征；④草图及草图元素（线条、形状和组件）的设计演化规律。

（2）形式化的草图表达和草图思维计算。研究产品设计中草图的形式化表达，以及包括创意启发、创意拐点发现等在内的草图思维计算方法，包括：①草图元素（如线条、形状和组件）与草图设计演化的形式化表达；②草图或草图元素的创意启发算法；③草图中创意拐点的识别算法。

根据上述思路，首先，采用认知实验总结设计师草图认知与行为规律，归类草图行为模式。其次，在认知实验结果的基础上总结创意拐点模型，实现对草图设计过程的描述。最后，根据创意拐点模型实现草图设计演化的形式化表达，实现草图中创意拐点的识别，支持计算机辅助草图设计。

2.5.2　草图过程分析

为检验草图过程中的创意拐点是否存在，通过行为、眼动等观察与实验，分析草图认知和行为规律。

行为研究统计了设计师草图设计过程中的笔迹属性、行为类别，总结了草图过程中行为模式（Sun et al., 2014）。创意拐点前主要为查看、移动等行为，创意拐点后主要为方案的解释说明、对方案使用场景的探索，说明草图表达过程以创意拐点外在行为为核心。创意拐点的笔迹属性与整体草图过程存在明显差异，参与者在创意拐点前停顿时间更长，在创意拐点表达过程中以更慢的速度画出更长的笔迹，说明其在表达过程中思考更加谨慎。对行为序列的分析表明，创意拐点对应的行为是草图行为的关键点。

　　眼动研究分析设计师注视及瞳孔数据，明确草图设计过程中的感知特征（Sun et al., 2014）。如图 2.16 所示，参与者在创意拐点前的停顿中回顾已有创意拐点、关注尚在探索中的内容。在创意拐点的表达过程中，参与者的平均注视时间更长，呈现了更专注的感知过程。在创意拐点表达完成后，参与者仍有较长时间关注之前创意拐点，随后逐渐注意其他内容。综合以上眼动特征可知，参与者在创意拐点产出后，首先聚焦于此创意拐点、解释创意拐点、评价创意拐点的表现；随后广泛查看其他探索性内容，以产出新的创意。参与者从聚焦关注到广泛探索的转变反映了创意拐点产生过程中的感知特征。

图 2.16　眼动实验

　　上述研究共同验证草图是一个以创意拐点为中心的探索过程：草图表达以创意拐点外在行为为中心，草图过程的眼动聚焦于创意拐点对应的草图（见图 2.17）。参与者在设计过程中关注之前创意拐点，不断产生新的创意拐点，对其进行表达与说明，最终得到满意的设计方案。

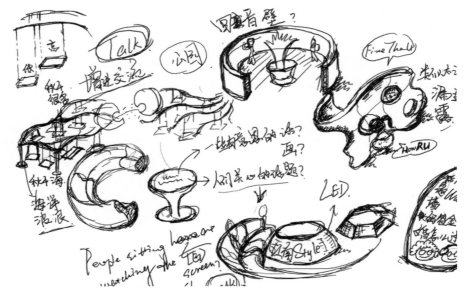

图 2.17 增进交流的设施草图

扩展阅读：一个设计过程的数据

一个设计过程能够收集、分析哪些数据？

例如，设计课题为"设计更好的公共休闲设施"。如仅有基本的纸笔供设计师绘制草图，可收集与分析的数据如下。

（1）设计师的出声思考数据、绘制数据。采用视频记录设计师行为与出声思考内容。设计师可在过程中采用出声思考汇报当前想法，在设计完成后参考视频录像梳理设计过程的所思所想。

（2）设计行为数据。可参考已有类似研究，对行为进行编码，总结设计过程中出现的行为类别。随后，分析设计师在草图设计过程中的行为特征，包括各类行为出现的时间、占比，特定行为序列的出现频次等数据。

（3）设计方案数据。可招募专家对设计方案进行评价。了解设计方案出现的时间、设计方案的原创性、实用性、多样性等数据。分析设计方案间的联系。

（4）设计师的观点和态度。访谈设计师，了解：设计师最满意哪个方案，为什么？最不满意哪个方案，为什么？设计过程中有哪些卡顿的时段、哪些灵感爆发的时段，为什么？

2.5.3　创意拐点模型

创意拐点模型以创意为节点描述设计过程。设计师在设计过程中不断产出创意，每个创意都可视为设计过程中的一个拐点，这就带来了新的设计方向。使用创意拐点来描述创意设计中创意产生、表达和视觉反馈的一小段过程，包含脑、手、眼的行为。每个创意拐点由脑海中的创意开始，经由绘制等行为对创意予以表达，在过程中不断产生视觉反馈。此创意拐点可以是对一个方案的部分改进，或者是一个全新的方案。

采用树形结构来描述创意拐点间关系，形成创意拐点树。创意拐点树随创意的产生而成长，创意拐点的不断改进与发展产生了最终的创意方案。设计师持续探索现有设计方向，不断改进创意方案，树的分支随着设计师的探索而生长。当设计师回顾已有创意方案，开拓新的设计方向时，新的分支由此产生。

下面呈现了一个典型的创意拐点树。在该过程中，设计师以设计一个能够增进交流的设施为目标。通过设计师出声思考与事后访谈信息，研究人员整理出 9 个创意拐点（见图 2.18）。在设计起始时，设计师认为椅子应该让人坐得更近（创意拐点 1），或者椅子可提供交流话题（创意拐点 2），并对这些想法进行改进，提出"记录他人话题的座椅"的想法（创意拐点 3）。随后，设计师提出回音墙可以让说话更有趣（创意拐点 4），并延伸出装饰性更强的回音石（创意拐点 5）。设计师查看创意拐点 3，认为椅子可以展示新闻（创意拐点 6）。在查看创意拐点 1 后，提出可以为家庭设计一起坐的秋千（创意

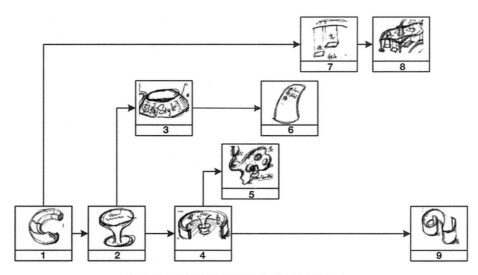

图 2.18　根据草图设计过程生成的创意拐点树

拐点 7），并改进了秋千的形态（创意拐点 8）。最终，设计师提出用户应该与环境相处和谐，并设计了一个展示诗歌的场所（创意拐点 9）。所有的创意拐点被组织成一棵拥有四个分支的创意拐点树。

　　在此基础上，设计开发计算机辅助草图设计原型系统，识别创意拐点，完成草图思维建模（孙凌云等，2013）。如图 2.19 所示，设计师在创意拐点附近呈现出特定行为，可通过识别创意拐点特征行为序列发现创意拐点。计算机辅助草图原型系统建立了一个三层级识别模型，包括草图行为识别、草图行为序列匹配和创意拐点行为序列规则库调整；通过草图行为笔画集划分、草图行为类别判别及草图行为合并三个步骤识别草图行为，将行为序列与创意拐点规则库匹配以识别创意拐点，并自适应调整创意拐点规则库内规则权重。进一步地，原型系统以树状结构组织创意拐点，每个子节点上创意拐点都是父节点上创意拐点的改进与发展，从而将草图过程中设计思路抽象为树的分支，将草图过程表达为创意拐点树，实现草图思路与草图设计演化的形式化表达。经过实验验证，采用创意拐点树组织设计师的草图设计过程，能够得到更实用的创意方案。

上述研究可支持设计实践，例如开发工具改进团体的设计过程（Sun et al., 2015）。利用一个 iPad 上的合作设计系统，设计师团队可查看已有创意拐点，产出新的创意拐点，延伸出多条设计路径，合作设计（见图 2.20）。

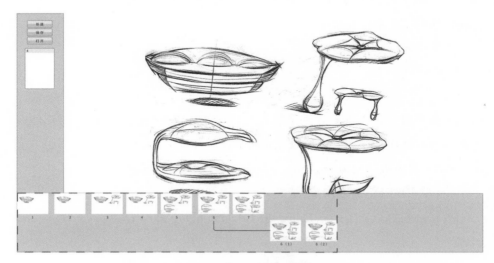

图 2.19　软件界面截图及创意拐点图实例

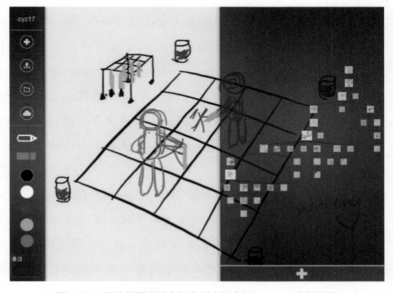

图 2.20　团体草图设计中部分创意拐点树及一个拐点的草图

从上述案例中可以看出，设计认知研究揭示了设计师的思维特征、行为模式，为设计能力的提升、设计实践方法的改进提供了可能。在设计智能中，计算机与设计师的关系也将发生变化。采用设计认知研究方法分析、理解这种变化下的设计能力与设计实践，是充分利用人工智能技术支持设计，实现创新的重要手段和思路。

学习资源

想要了解设计，需要首先了解典型的观点、模型与理论流派。在此列出有影响力的设计认知、设计思维方面的书籍。

- 华中科技大学出版社，Nigel Cross 著，《设计师式认知》；
- 科学出版社，谢友柏著，《设计科学与设计竞争力》；
- Nigel Cross 的 *Design Thinking: Understanding How Designers Think and Work*；
- Jeff Kan 与 John Gero 合著，*Quantitative Methods for Studying Design Protocols*；
- Gabriela Goldschmidt，*Linkography: Unfolding the Design Process*。

在了解基本概念后，可在设计领域、人机交互领域的期刊与会议，如 *Design Studies*、*Design Issue*、*Design Computing & Cognition* 等，搜索相关主题文章。一类通用的方法是，按照引用次数、作者知名度、发表年份等因素整理代表性研究。随后，分析代表性研究的共同关注点、研究方法、数据分析方法、讨论重点等，体会研究的模式。随后，根据本人的研究目标与设计领域进行适应性改进。

设计认知研究的支持学科包括统计学、认知心理学、人机交互等。认知科学、认知心理学的学习上，可选用中国科学技术大学出版社出版的《认知科学》、机械工业出版社出版的《认知心理学：理论、研究和应用》。在特定的细分领域，如神经科学方面，可选择中国轻工业出版社的《认知神经科学：关于心智的生物学》等。实验、观察访谈方面，可参考人民邮电出版社的《心理学实验的设计与报告》、教育科学出版社的《质的研究方法与社会科学研究》。

统计学的学习上，可选择北京师范大学出版社出版的《现代心理与教育统计学》，学习常见统计方法的原理、适用场景等。常用软件与工具包括 IBM 公司出品的 Statistical Product and Service Solutions（SPSS）、R 语言等。这些工具均可通过购买书籍或者观看在线课程进行学习。

参考文献

史忠植 . (2008). 认知科学 . 合肥：中国科学技术大学出版社 .

孙凌云，王长路，柴春雷，冯凯旋，向为 . (2013). 基于创意拐点的计算机辅助草图设计技术 . 中国科学：信息科学 , 43(8): 996–1011.

谢友柏 . (2018). 设计科学与设计竞争力 . 北京：科学出版社 .

尹碧菊，李彦，熊艳，等 . (2013). 设计思维研究现状及发展趋势 . 计算机集成制造系统 , 19(6): 1165–1176.

曾栋，巩敦卫，李梅子，等 . (2017). 产品造型设计中的思维固化策略及应用 . 机械工程学报 , 53(15): 58–65.

Akin, O. (1984). An exploration of the design process // Developments in Design Methodology (pp. 189–208). New York, NY: Wiley.

Ball, L. J., Christensen, B. T. (2009). Analogical reasoning and mental simulation in design: two strategies linked to uncertainty resolution. Design Studies, 30(2): 169–186.

Ball, L. J., Christensen, B. T. (2019). Advancing an understanding of design cognition and design metacognition: progress and prospects. Design Studies, 65(6): 35–59.

Boden, M. A. (1998). Creativity and artificial intelligence. Artificial Intelligence, 103(1–2): 347–356.

Chan, C. S. (1990). Cognitive processes in architectural design problem solving. Design Studies, 11(2): 60 – 80.

Tong, D. Sriram, D. (1992). Artificial Intelligence in Engineering Design. San Diego, CA: Elsevier.

Cross, N. (1982). Designerly ways of knowing. Design Studies, 3(4): 221 – 227.

Diehl, M., Stroebe, W. (1987). Productivity loss in brainstorming groups: toward the solution of a riddle. Journal of Personality and Social Psychology, 53(3): 497.

Dorst, K., Cross, N. (2001). Creativity in the design process: co-evolution of problem – solution. Design Studies, 22(5): 425 – 437.

Dow, S. P., Heddleston, K., Klemmer, S. R. (2009). The efficacy of prototyping under time constraints. Proceedings of the Seventh ACM Conference on Creativity and Cognition: 165 – 174.

Eastman, C. M. (1969). Cognitive processes and ill-defined problems: a case study from design. Proceedings of the International Joint Conference on Artificial Intelligence: IJCAI, 69: 669 – 690.

Fischer, C., Gregor, S. (2011). Forms of Reasoning in the Design Science Research Process (pp. 17 – 31). Berlin, Herdelberg: Springer.

Frayling, C. (1993). Research in art and design. Royal College of Art Research Papers, 1(1): 1 – 5.

Goldschmidt, G. (1995). Visual displays for Design: Imagery, analogy and database of visual images // Visual Databases in Architecture: Recent Advances in Design and Decision Making. Avebury.

Galotti, K. M. (2017). Cognitive psychology in and out of the laboratory. Thousand Oaks, CA: Sage Publications.

Gero, J. S., Kannengiesser, U. (2004). The situated function-behaviour-structure framework. Design Studies, 25(4): 373 – 391.

Gero, J., Milovanovic, J. (2019). The situated function-behavior-structure co-design model. CoDesign: 1 – 26.

Gero, J. S. (1990). Design prototypes: A knowledge representation schema for design. AI Magazine, 11(4): 26 – 26.

Gero, J. S., & Kannengiesser, U. (2007). A function-behavior-structure ontology of processes. Ai Edam, 21(4): 379 – 391.

Goel, A. K. (1997). Design, analogy, and creativity. IEEE Expert, 12(3): 62 – 70.

Goldschmidt, G. (1991). The dialectics of sketching. Creativity Research Journal, 4(2): 123 – 143.

Goldschmidt, G. (2014). Linkography: Unfolding the Design Process. Cambridge, MA: MIT Press.

Goldschmidt, G. (2015). Ubiquitous serendipity: potential visual design stimuli are everywhere//J. S. Gero, Studying Visual and Spatial Reasoning for Design Creativity (pp. 205 – 214). Dordrecht: Springer.

Hay, L., Duffy, A. H., McTeague, C. et al. (2017). Towards a shared ontology: a generic classification of cognitive processes in conceptual design. Design Science, 3: e7

Hay, L., Duffy, A. H., McTeague, C., et al. (2017). A Systematic Review of Protocol Studies Press. Cambridge, MA: Cambridge University Conceptual Design Cognition: Design As Search and Exploration.

Helms, M., Vattam, S. S., Goel, A. K. (2009). Biologically inspired design: process and products. Design Studies, 30(5): 606 – 622.

Howard, T. J., Culley, S. J., Dekoninck, E. (2008). Describing the creative design process by the integration of engineering design and cognitive psychology literature. Design Studies, 29(2): 160 – 180.

Hsu, C. C., Wang, T. I., Lin, K. J., et al. (2018). The effects of the alternate writing and sketching brainstorming method on the creativity of undergraduate industrial design students in Taiwan. Thinking Skills and Creativity, 29: 131 – 141.

Huang, Y. (2008). Investigating the cognitive behavior of generating idea sketches through neural network systems. Design Studies, 29(1): 70 – 92.

Kavakli, M., Gero, J. S. (2001). Sketching as mental imagery processing. Design Studies, 22(4): 347 – 364.

Kerne, A., Webb, A. M., Smith, S. M., et al. (2014). Using metrics of curation to evaluate information-based ideation. ACM Transactions on Computer-Human Interaction (TOCHI), 21(3): 1 – 48.

Kolko, J. (2010). Abductive thinking and sensemaking: the drivers of design synthesis. Design Issues, 26(1): 15 – 28.

Leifer, L. J., Steinert, M. (2011). Dancing with ambiguity: causality behavior, design thinking, and triple-loop-learning. Information Knowledge Systems Management, 10(1 – 4): 151 – 173.

Lu, S. C. Y., Liu, A. (2012). Abductive reasoning for design synthesis. CIRP Annals, 61(1): 143 – 146.

Mathers, J. (2015). Design Intervention. RSA Journal, 161(5561): 24 – 29. Retrieved from JSTOR.

Moss, J., Kotovsky, K., Cagan, J. (2011). The effect of incidental hints when problems are suspended before, during, or after an impasse. Journal of Experimental Psychology: Learning, Memory, and Cognition, 37(1): 140.

Osborne, A. F. (1957). Applied Imagination. New York: Scribner.

Pan, Y. (2019). On visual knowledge. Frontiers of Information Technology & Electronic Engineering, 20(8): 1021 – 1025.

Papalambros, P. Y. (2015). Design science: why, what and how. Design Science, 1: e1.

Paulus, P. B., Dzindolet, M. T. (1993). Social influence processes in group brainstorming. Journal of Personality and Social Psychology, 64(4): 575.

Prats, M., Lim, S., Jowers, I., et al. (2009). Transforming shape in design: Observations from studies of sketching. Design Studies, 30(5): 503 – 520.

Runco, M. A., Jaeger, G. J. (2012). The standard definition of creativity. Creativity Research Journal, 24(1): 92 – 96.

Rundi, A. (2016). Brainwriting 6 – 3 – 5 // H. J. Harrington, F. Voehl, The Innovation Tools Handbook, Volume 2 (pp. 67 – 72). New York, NY: Productivity Press.

Sch ü tze, M., Sachse, P., Römer, A. (2003). Support value of sketching in the design process. Research in Engineering Design, 14(2): 89 – 97.

Shah, J. J., Vargas-Hernandez, N. O. E., Summers, J. D., et al. (2001). Collaborative Sketching (C–Sketch)—An idea generation technique for engineering design. The Journal of Creative Behavior, 35(3): 168 – 198.

Simon, H. A. (1969). The Sciences of the Artificial. Cambridge, MA: MIT Press.

Sun, L., Xiang, W., Chai, C., et al (2014). Creative segment: A descriptive theory applied to computer-aided sketching. Design Studies, 35(1): 54 – 79.

Sun, L., Xiang, W., Chai, C., et al. (2014). Designers' perception during sketching: an examination of creative segment theory using eye movements. Design Studies, 35(6): 593 – 613.

Sun, L., Xiang, W., Chen, S., et al. (2015). Collaborative sketching in crowdsourcing design: a new method for idea generation. International Journal of Technology and Design Education, 25(3): 409 – 427.

Suwa, M., Gero, J., Purcell, T. (2000). Unexpected discoveries and S-invention of design requirements: important vehicles for a design process. Design Studies, 21(6): 539 – 567.

Suwa, M., Gero, J. S., Purcell, T. (1998). The roles of sketches in early conceptual design processes. Proceedings of Twentieth Annual Meeting of the Cognitive Science Society: 1043 – 1048. Citeseer.

Tseng, I., Moss, J., Cagan, J., et al. (2008). The role of timing and analogical similarity in the stimulation of idea generation in design. Design Studies, 29(3): 203 – 221.

VanGundy, A. B. (1984). Brain writing for new product ideas: an alternative to brainstorming. Journal of Consumer Marketing, 1(2): 67 – 74.

Wong, J. F. (2010). The text of free-form architecture: Qualitative study of the discourse of four architects. Design Studies, 31(3): 237 – 267. https://doi.org/10.1016/j.destud.2009.11.002.

Yilmaz, S., Seifert, C. M. (2011). Creativity through design heuristics: a case study of expert product design. Design Studies, 32(4): 384 – 415.

Yu, L., Nickerson, J. V. (2011). Generating creative ideas through crowds: An experimental study of combination. Presented at the Thirty Second International Conference on Information Systems. Shanghai, China.

第3章

人工智能与设计辅助

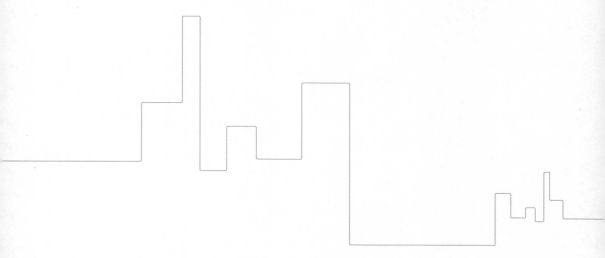

图像去背景（也称为抠图）从图像中提取前景物体，支持后续的图像重构和背景替换等设计任务，是图像编辑的重要技术之一。随着人工智能的发展，图像去背景功能也变得越来越方便和高效。

Adode Photoshop 是目前知名度最高、功能最齐全的图像编辑软件，已逐渐成为图像处理行业的标杆，引领图像设计辅助软件的发展。从 1990 年发布的 PS1.0 到最新的 PS2020，Photoshop 时刻保持着功能的与时俱进，帮助设计师提升工作效率。

Photoshop 中的图像去背景技术最早由魔棒或通道等方法实现，其基本原理是利用 alpha 通道将前景与背景进行区分。早期去背景功能常采用颜色采样（如贝叶斯方法）或近邻梯度分析（如泊松方法）等技术。这类技术对图像的背景要求较高，操作过程也较为烦琐。这使得设计师常常需要寻找背景干净的素材，同时熟练掌握软件的使用技巧，以完成去背景操作（见图 3.1）。

图 3.1　早期的图像去背景技术只能针对背景较为简单的图像

近年来，设计辅助软件不仅在性能上得到了加强，在易用性上也得到了极大的提升。在 Photoshop 的最新版本中，用户只要简单几步就可以实现前景分割、色彩优化和背景生成等一系列功能（见图 3.2）。此外，很多前沿技术，如图像风格化和图像修复等都已经应用于设计辅助软件中。在人工智能技术的加持下，计算机一方面可以替代设计师完成部分耗时耗力的操作，另一方面也为设计师提供了更大的设计创作空间。

图 3.2 现在人工智能方法可以处理多种复杂的图像去背景工作

本章将从人工智能技术的发展过程出发，结合实际案例与技术特点，讲述技术如何通过设计辅助工具应用于社会，服务于生活。

3.1 人工智能基础

3.1.1 人工智能的基本内容

人工智能是在控制论和信息论基础上产生，随后的发展又涉及哲学、心理学、认知科学、计算机科学、数学等领域，是自然科学和社会科学的交叉性学科。因此，其内涵与外延也不断扩大，涉及知识表示、问题求解、机器感知、机器学习、自动推理等多个方面。

3.1.1.1 知识表示

知识表示研究如何用计算机可理解的形式化方法表示人类的知识或智能行为。知识表示支持计算机存储知识并在算法执行时使用知识。人类知识的形式丰富多样，因此研究者也发展出了多种知识表示方法。典型方法包括一阶谓词逻辑、产生式表示、知识图谱、状态空间表示等。

3.1.1.2 问题求解

问题求解研究如何让人工智能自动找出特定问题的可能解答。问题求解涉及两个方面：问题的表示和合适的求解策略。前者和知识表示类似，是以计算机可以理解的方式表示人类对该问题的定义。后者则是让人工智能按照一定的规律解答问题。例如，围棋博弈问题可被描述为："当前局势下，如何下子使得之后获胜的概率最大？"求解策略为："搜索我方下子和对方下子之后可能的局面，找到对我方后续发展最有利的位置。"

3.1.1.3　机器感知

机器感知研究如何让机器获得与人类类似的感知和理解能力，理解语言、文字、图像、场景、声音、气味等。机器感知是机器获取外部信息的基本途径，目前主要分为模式识别和自然语言理解等两方面内容。指纹识别、人脸识别都是常见的模式识别问题；语音对话、自动翻译则属于自然语言理解的范畴。

3.1.1.4　机器学习

机器学习研究如何让计算机具有类似人的学习能力。机器学习的目标是理解已有数据、经验和感知信息，归纳、挖掘规律，获得人类已知或者未知的知识。在这个过程中，机器可以不断自我强化提升。机器学习是近年来人工智能迅猛发展的重要推动力。

3.1.1.5　自动推理

自动推理则是指计算机自动地从一个或多个已知前提，按一定逻辑规则推出新的结论。人类在解决问题的时候，也会利用以往的知识进行推理、得到结论。自动推理的范畴包括专家系统、机器定理证明、确定性推理、不确定推理等内容。三段论是典型的可以用于自动推理的推理形式，例如已知"所有的树都是植物"和"所有的植物都会死亡"，由此根据三段论即可推出"所有的树都会死亡"。

3.1.2　人工智能的设计能力

人工智能技术已被用于设计中，辅助着设计过程的各个环节。早期人工智能技术主要通过建模设计领域知识来解决设计问题。例如，基于案例的推理、约束满足算法和进化算法等（Russell & Norvig, 2016）。这些人工智能方法擅长推理和分析，但囿于硬件和软件条件的限制，在创造这一核心问题方面并未取得太大进展。

如今，深度学习尤其是生成对抗网络（GAN）快速发展，不仅使得人工智能技术在人像识别、语音识别等领域取得了巨大突破，而且使得人工智能具备了一定的创造能力。许多计算机独立生成、或辅助设计师完成的图像、音频、视频和文本等作品，已经具有了一定的创新性。与此同时，跨媒体推理、大数据知识挖掘、人机交互等理论、方法和技术迅速发展。人工智能成为推动设计发展的强大力量，为设计辅助算法和设计辅助工具的迭代更新提供了必要的前提条件。

那么，人工智能能否让计算机取代设计师，独自完成各种各样的设计任务呢？目前的答案是不能。之所以计算机无法独立解决设计问题，是因为设计是有目的的创作行为，是在创新和实用的标准下解决实际问题。在设计过程中，扮演不可替代作用的是设计师的主观感受。设计需要具备对美的理解、感受和创作能力。这种感受将受到历史、文化、环境、情感等客观和主观因素的影响，表现为多样的文化修养和个性特征。这种差异化造就了丰富多彩的设计作品，也是目前计算机所无法模仿的。因此，设计师与计算机应该是相辅相成的关系。在人工智能的帮助下，设计师有望更好地产出设计方案，创造设计价值。

尽管目前的人工智能仍不具有人类的创造力（如灵感）和抽象类比能力，只能依赖数据和规则来创作或解决问题，并没有完全具备独立的设计问题解决能力。但相较于设计师，计算机仍然具有三个方面的优势：

（1）强大的计算能力，可以在极短时间内完成复杂计算；

（2）批量化处理能力，可以批量解决重复性设计问题；

（3）持续的学习能力，可以利用海量设计数据，不断迭代设计能力。

这些优势可以让计算机在复杂问题中不断遍历可行方案，找出最佳解决办法。这些计算机的自动化设计过程不仅可以省去设计师大量的冗余性工作，还可以让设计师更多地投入到创造性的设计活动中，去创造更大的设计价值。

3.2　知识表示与学习

3.2.1　符号学习

符号学习是指基于符号的逻辑推理实现智能模拟的人工智能方法。在 20 世纪 80 年代机器学习理论基本形成之时，基于符号主义发展而来的机器学习方式被称为符号学习。符号学习的本质是基于人类知识和经验来构建符号，用逻辑推理来解决问题。

设计规则是设计师根据设计经验总结而来的知识，可以指导设计过程，约束设计结果。用基于符号的公式构建设计规则是最简单有效的设计辅助方式之一，常见的形式如设计软件中的多种公式化模板。在模板中，设计约束条件以公式的形式写入函数中，让算法在满足条件的输入下，输出既定样式的设计结果。如针对文档布局的可变数据打印方法（Lin, 2006），可以通过布局约束条件和线性函数，将动态的文字内容自动转化到文档布局中；针对配色规则的色彩和谐模型，可以定义多种几何结构的色彩搭配关系，从而在保证图像整体和谐的前提下，生成多样化的配色结果（Li et al., 2015）。图 3.3 展示了规则约束下的图像色彩重渲染结果。从图 3.3 中可以看到，规则约束的方式可以让图像根据目标色进行全局的色彩重构，并保证色彩间存在一定的对比与和谐。

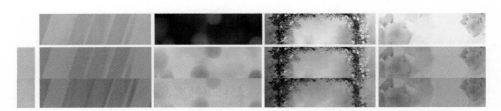

图 3.3　图像色彩重渲染结果，最上方的一行为原图，最左侧的一列为目标颜色

另外一种常用的符号学习方式是以能量函数的形式，将设计特征量化为若干个评价函数。通过采样和参数优化的方式，不断提升评价函数的得分，从而启发式地生成满意的设计结果。这类评价函数的常见形式为：

$$E_f(X, \theta) = \sum_i \omega_i E_i(X, \theta)$$

其中，E 为能量函数，X 为设计特征（如元素的位置特征和颜色特征等）。在计算某一具体的设计质量 E_f 时，常常根据多个设计特征的评价结果 E_i 来衡量最终的得分。以图像为例，常用的布局图像特征包括对称、平衡、对齐、统一、规则、经济和同质等（Ngo et al., 2002）。这些特征从格式塔视知觉理论出发，描述了视觉内容与心理感知之间的关联。利用布局的图像特征，可以实现元素自动化排布（O'Donovan et al., 2014）、文档布局分割（Chaudhury et al., 2009）和概要缩略图生成（Choi & Kim, 2016）等诸多算法，辅助设计师完成一系列的设计任务。

由于设计过程可在一定程度上描述为约束规定、约束变换求解以及约束评估的求精过程，研究者提出了约束文法以输出结构化的图形和图像，范例如形状文法。形状文法是一种以形状运算为主的设计方法，其基于既定的推理规则迭代初始形状样本，达到形状演变的目的。广义上来讲，形状文法是对已有产品特征的分析、描述和归纳，从而再现和发展原有产品特征，形成新的风格。形状文法设计的典型案例是 MIT 媒体实验室于 2011 年设计的动态 logo。logo 由三个射灯及投射的多彩光束构成（见图 3.4）。在 7×7 的设计网格下，通过控制射灯的位置、投射的角度和灯光的颜色等设计参数，logo 可以得到超过 4 万种不同的排列方式。基于这种规则逻辑的生成方式，每一个媒体实验室的工作人员、教师和学生都可以拥有自己独一无二的 logo，用于个人网站、名片和信纸等。

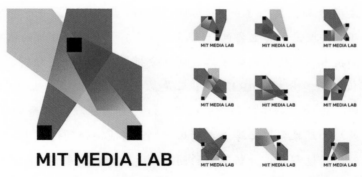

图 3.4　2011 年 MIT 媒体实验室的 logo 设计（来自 MIT 媒体实验室官网）

　　总的来说，符号学习通过计算符号表达设计知识，利用逻辑推理解决设计问题。由于符号推理过程公开透明、易于理解，这种方式具有较强的解释能力，无须大量数据支撑，也避免了数据遗漏所带来的设计偏差。但是，如何有效地把专业知识按照合理的符号编码传达给人工智能，如何让符号学习方法满足动态变化的设计需求，是以符号学习为代表的人工智能遇到的最大瓶颈。

扩展阅读：设计中的知识表示

　　知识表示是指用计算机可理解的形式化方法表示人类的知识或智能行为。设计中也存在许多提供设计知识的辅助设计工具。这些工具可以为设计师提供辅助信息，帮助其更好地进行设计。典型的如机械设计 3D 软件 Creo，该软件除了提供 3D 建模、曲面设计等功能外，还支持用户通过系统内嵌知识库与在线资源自动创建工程图与物料说明。这类设计辅助工具通过搜集和整理零部件的设计参数、设计方法，建立零部件间的知识图谱，帮助设计师获取部件的设计信息、部件与其他零件的关联性等信息。

　　设计知识库也可指导创新设计的执行。最为典型的基于设计知识库的方法是由苏联发明家根里奇·阿奇舒勒（G. S. Altshuller）于 20 世纪 50 年代提出的 TRIZ 创新方法。该方法通过研究大量的创造性发明专利，总结了一系列创新问题的基本原理，并逐渐发展成为 TRIZ 理论。其主要包括三部分内容：一是问题分析的基础理论，如技术系统进化论等；二是问题分析工具，如冲突分析、物－场分析、功能分析、ARIZ 等；三是基于知识的工具，如 40 个发明原理、39 个工程参数和矛盾矩阵、11 个分离原理、76 个标准解、科学效应和现象知识库等。在利用 TRIZ 解决问题的过程中，一个典型的使用过程是：分析遇到的问题，总结矛盾，查询 TRIZ 方法得到有望解决问题的发明原理，最后应用发明原理进行设计。例如，TRIZ 中的一条原理为"增加不对称性原理"，将对称物体变为不对称的，或增加不对称物体的不对称度。面对可组装式家具的设计问题，分析发现用户容易组装错误，利用冲突矩阵（TRIZ 工具，列明了遇到不同冲突时可能有用的发明原理）找到"不对称原则"这一条原理，加强可组装式家具不同组装部件间差异，使得家具只能采用某种方式装配，从而降低用户发生错误的概率，提升组装效率。

3.2.2 统计学习

统计学习由符号学习发展而来，最核心的区别在于符号学习依赖公式中既定的设计约束，而统计学习则由数据驱动。根据常用的学习策略，统计学习可分为记忆学习、演绎学习和归纳学习三种。归纳学习从某个概念的一系列已知实例出发，用统计学归纳出一般性规律，是最常用的方式之一。归纳学习可用于解决分类和回归等数学问题，常被应用于预测、识别和决策等任务。

在实际应用中，统计学习常用于建模某一具体设计对象内在特征之间的关系，从而预测可行的设计方案。以平面图像的设计任务为例，为了构建设计元素大小与设计元素位置之间的依赖关系，可以用概率估计拟合数据的特征分布，从而建模这些特征间的相互关系，预测相应的参数。其中，条件函数是最简单的概率估计函数之一。如要建模元素图像比例 r、元素图像大小 s 与元素位置 x 之间的关系，可构建如下条件的概率函数：

$$p(x \mid r, s)$$

为了更好地拟合数据的分布，通常会挑选一种常用的分布函数。若以高斯函数作为分布函数，则可将条件概率函数近似为：

$$p(x \mid r, s) = N(x; w[r, s, 1]^{\mathrm{T}}, \sigma)$$

其中，(x, r, s) 为观测数据，而 w 和 σ 是需要求解的模型参数。该函数就可以预测在特定的元素图像比例和元素大小下，元素位置的分布情况，从而辅助计算机采取最优的设计方案。进一步地，为了研究一张平面图像中多个元素图像的比例大小 (r, s) 与位置之间的关系，还可以构建联合条件概率密度分布：

$$P(X) = \prod_i p_i(x \mid r, s) p_i(y \mid r, s),$$

其中，i 表示第 i 个元素图像，而 x 和 y 分别表示元素图像中心的轴坐标与纵坐标。该函数能够在单元素图像特征建模的基础上，进一步建模多元素图像间的相互关系，从而保证预测案的可靠性。在这种统计学习的思想下，学者们提出了许多辅助设计的人工智能模型与方法，典型应用如图像的自动化配色。通过估计图像中局部纹理特征的多峰分布，算法可以构建纹理特征与图像色彩间的概率关系，从而实现不同纹理黑白图的自动化上色（Charpiat et al., 2008）；通过建模图案空间分布特征与色彩间的概率映射关系，算法可以实现不同空间区域黑白图的自动化上色（Lin et al., 2013）；通过构建色彩与色彩预测特征间的关系，算法可以根据风格关键词为网站生成相应风格主题的色彩（Gu & Lou, 2016）。

统计学习相关的人工智能方法也被大量用于数据分析中，实现自动化地分析数据库中内容，挖掘潜在模式，为用户的设计决策提供支持。如图 3.5 所示，Looka 是一个在线 Logo 设计平台。在使用之前，用户需要从系统给出的案例中选择 5 个自己喜欢的 logo。根据已有的概率关系模型和用户的喜好选择，系统会为用户推荐个性化的 Logo 设计方案。用户只需输入想要制作

图 3.5　Looka 在线设计平台（图片来自官网主页）

Logo 的字母，同时挑选自己喜好的色系与图标，就能得到多种个性化的设计参考。Logo 设计平台不仅可以为新手设计师提供许多的设计灵感，还能在数据的支持下，以极短的时间和较低的成本，为有 Logo 设计需求的商家和个人提供设计支持。

　　总的来说，统计学习方法常常需要大量的设计实例数据以挖掘潜在设计规律。这种数据驱动的人工智能方法不仅具有较强的模型解释力，还具有一定的过程可控性。但是，统计学习方法的可靠程度很大程度上依赖于数据的质量以及学习特征的选择。如何让概率模型最大化地涵盖设计潜在特征、提升方法的鲁棒性，是统计学习面临的巨大挑战。

3.2.3　连接学习

　　连接学习是由连接主义发展而来的人工智能方法，其原理是构造多层神经网络，来模拟大脑的思考与决策方式。随着算力的提升、数据的积累以及深度学习算法的提出，连接学习成为了当下主流的人工智能方法。

　　深度神经网络（deep neural networks，DNN）是连接学习中最为典型的模型之一，其结构如图 3.6 所示。深度神经网络内部可以分为输入层，隐藏层和输出层三类。在数据的训练过程中，深度神经网络在激活函数的配合下，通过计算每一个神经元的系数，可以逐层提取数据中的特征。相对符号学习和统计学习中的各种方法，深度神经网络最大的优势是解决了研究者"特征选择"的难题。尽管单一和低维的特征表示能够保证设计结果的稳定、高效，但无法解决复杂的设计问题。通过数据训练，深度学习模型能够自动从数据中抽取高维特征，从而实现识别、分类、渲染和生成等视觉任务。实践也证明了相关的高维特征可以有效、稳定地应用于如人脸识别和语音识别等不同现实场景中。

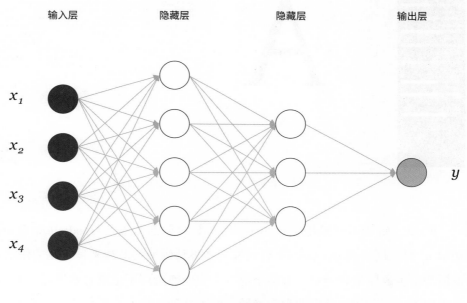

图 3.6　深度神经网络结构模型

　　字体设计一直是设计师较为头痛的问题。设计师需要设计字体中每一个不同的字符。Spectral 字体是在谷歌和 Production Type 公司合作设计的免费字体的基础上，经由字体生成器 Prototypo 转化而得到的第一款"参数化"字体[1]。在实现过程中，算法利用深度网络抽取了多种字体样式特征，并将这些样式特征应用于字体生成。使用者可以通过调整和修改每个样式特征的数值，得到几乎任何样式英文字体。传统的字体设计制作需要在平面绘画实现

---

[1]　https://spectral.prototypo.io/

这一环节消耗大量人力和时间，而 Spectral 字体可以通过调节几个关键的设计参数（如宽度、厚度、曲线），快速实现字体新风格的生成（见图 3.7）。这种响应式的字体设计方法方便用户不断探索和改善设计创意，从而创建能够适应各种用途和媒体的智能字体。

图 3.7　Spectral 参数化字体使用界面（图片来自官网）

此外，始于 Goodfellow 于 2014 年提出的概念模型（Goodfellow et al., 2014），对抗网络模型（GAN）开始在智能设计领域扮演越来越重要的作用。该模型由生成模型和判别模型两个部分组成，前者用于生成自然图像，而后者则用于保证图像的真实性和准确性。由于这种从无到有的生成思路非常契合设计的创作过程，围绕对抗网络模型展开的平面图像研究迅速发展。

3.3　设计辅助技术

人工智能领域发展出了多种典型算法与方法，支持设计师进行画作、新闻、音乐、视频、服装等设计。早期发展较为成熟的方法如进化算法、群智能算法等。进化算法包含遗传算法、遗传规划、进化策略等。其借鉴生物进化的思想，通过"适者生存，优胜劣汰"的方法筛选出更适合的方案。在设计领域中，进化算法首先构建设计方案需满足的性能指标，设定设计方案的重组、变异规则。在算法执行过程中，产生设计方案，并选择新产生方案中更符合性能指标的部分方案进一步拓展优化。如此，设计方案不断地"成长演化"，最终得到适合的设计方案。进化算法能够有效地处理大规模的复杂优化问题。在设计领域中，减少了人工设计的工作量，缩短产品研发周期，提高产品设计效率。

在进化算法中，常用的描述设计方案的方法如形状文法等。具体地，形状文法将设计方案拆分为形状部件，并设定部件间的结构，作为部件间的"语法"。随后，可添加、置换或修改形状部件，生成新的部件。这些部件遵循部件间的"语法"重新组织，形成新的设计。形状文法最早被用于绘画、建筑等领域，后逐渐推广到产品设计、纹样图案等设计中。

可以用进化计算实现生成式设计。生成式设计的基本思想是：用户可以使用参数来规定一定的设计约束（即自然筛选条件），算法在约束的设计空间内不断地进化迭代，产出成千上万种设计结果。这些设计结果彼此间功能相似，却又形态各异。Autodesk 利用生成式设计方法，得到了许多既符合强度等性能要求，又极度轻便的工业制品。试想，如果把这种生成式设计的多样性应用于日常生活之中，那么我们使用的每一件物品都能变得独一无二。

用进化算法、形状文法等方法生成设计的规则、支持设计。人工智能方法也可通过对设计数据的挖掘和分析，明确用户喜好、设计风格，实现设计过程的引导、设计方案的生成。在设计过程中，利用虚拟智能助手组织并主持头脑风暴，让智能聊天机器人在必要的时候对讨论进行干预或对参与者进行鼓励，能够增加创意想法的产出（Strohmann et al., 2017）。也可用人工智能实现图文的设计数据分析与排版工作。研究者提出了一个可计算的自动排版框架原型（Yang et al., 2016）。该原型通过对一系列关键问题的优化（例如，嵌入在照片中的文字的视觉权重、视觉空间的配重、心理学中的色彩和谐因子、信息在视觉认知和语义理解上的重要性等），把视觉呈现、文字语义、设计原则、认知理解等领域专家的先验知识自然地集成到一个多媒体计算框架之内，生成合理、美观的排版。

图像的特征不仅有色彩和布局，还包括风格、美感等属性。由于这类针对图像的感知特征难以直接计算得到，常用的量化方法是以标注的方式，通过概率建模或深度学习方法，将图像映射到一个连续的评分函数中，以此来量化某一具体语义属性的强弱。例如，可学习成对的训练数据（图像与风格关键词），预测平面设计图像中的不同区域对输入风格关键词的影响程度（用输出图中不同颜色的感知标记表示）。也可通过标注字体风格并训练相应的风格预测模型，帮助用户筛选和推荐所需风格的字体。

目前，已有许多知名公司涉足人工智能设计的探索与研究。谷歌Magenta 团队提出了 Sketch-RNN，用于线条画的学习和产生（Ha & Eck，2017）。此种算法将线条画表示成向量序列，用 RNN 模型构成编码器输入和解码器输出，用变分自编码学习模型中未知参数。当编码器输入一个特定线条画（例如"猫"），通过改变一个温度参数，解码器可以产生猫画的若干变种。在此基础上，Google 推出了一款图标设计的辅助工具 AutoDraw。在使用过程中，用户只要用鼠标简单画出几笔，系统就能利用人工智能方法匹配出最相配的图形，供用户选择。除图像外，谷歌 Magenta 团队的谱曲开源软件也应用了 RNN、CNN、变分深度学习，对抗学习和强化学习等技术，能够为用户生成多种多样类型的乐曲。音乐与舞蹈存在着天然的联系，谷歌让机器学习大量自编舞者的数据，从数百小时的视频片段中挖掘潜在的舞步序列，生成独立的舞蹈编排。

IBM 公司也开发了一款具有"认知"能力的礼服。这款礼服由英国设计品牌 Marchesa 利用 IBM 的 Watson 认知系统设计而成。礼服的 150 朵绣花上都安装了内置 LED 灯。在模特进行时尚走秀的过程中，人们可以在社交媒体上自由地发表对模特、服装或整个举办方的评论。这些海量的评论内容将在算法的处理下，实时地改变服装上的 LED 灯，从而让服装产生变化。"认知裙"很好地诠释了虚拟世界与现实世界，权威设计作品与个性化内容之间的关系。除了服装设计，IBM Watson 也能配合歌手进行音乐创作、预告片制作等。在预告片制作中，Watson 用机器学习方法分析几百个惊恐电影的预告片，机器建议了前 10 个关键片段，然后由人类制片人剪辑生成影片的预告片。

此外，2017 年 5 月，Nvidia GPU Technology 大会开场视频的主题伴奏就是人工智能生成的作品。如何让计算机保持可持续性的创新是当前人工智能研究的难点之一，也是未来设计辅助中需要着重研究的课题。

3.4　实例：平面广告图像生成方法

3.4.1　平面广告图像特征

平面图像组合符号、图像和文字等元素，以视觉化的形式传达特定的信息。高质量的平面图像能够给阅读者带来强大的视觉冲击力，唤起情感共鸣，达到信息和想法传达的目的。随着互联网的发展，平面图像的设计需求迅速增长，其中最具代表性的就是平面广告图像设计。平面广告通过图像中的视觉传达内容，改变消费者对广告主体的印象，进而促进消费者的购买需求。设计这些优秀的平面广告常常需要大量的专业设计技能，如隐喻设计、版面编排和色彩搭配等（见图 3.8）。

图 3.8　汉堡、番茄酱和咖啡的优秀平面广告图像（来自开源广告数据集[1]）

随着网络购物的日益普及与完善，大众逐渐形成了在电商平台购物的生活方式。这种足不出户的购物体验不仅极大地方便了人们的生活，也大大降低了商家的销售门槛。为了在竞争中赢得市场，公司和个体商家通过平面广

---

[1]　Hussain Z, Zhang M, Zhang X, et al. Automatic understanding of image and video advertisements[C]// Proceedings of the IEEE Conference on Computer Vision and Pattern Recognition, 2017: 1705-1715.

告推销商品或服务（见图 3.9）。

图 3.9　电商类平面广告设计图像

这类平面广告图像具有需求量大、设计价值低和使用损耗高等典型特点。大需求量来自日益增长的商家数量和多种形式的电商业务。低设计价值表现在设计内容较为简单且设计过程重复度高。由于图像的主要目标是推广商家产品，平面广告图像一般不包含复杂的设计隐喻，布局结构也相对简单。设计任务多为简单的图文元素排布和元素色彩搭配等。使用损耗高的主要原因是此类平面广告图像常常用完即弃。尽管每年都有相同的促销活动（如双 11、618 大促等），但每年的活动主题、产品内容都不相同。为此，设计师每年都需要重新设计平面广告图像，以满足商家和公司的商业需求。计算机有望帮助设计师完成这类简单且重复度高的平面图像设计任务。

3.4.2　自动化广告生成方法

针对平面广告图像海量、低值、易耗的特点，本小节提出了自动化广告生成方法，包括数据集构建、设计特征挖掘、布局学习和色彩学习四个部分。

3.4.2.1　平面广告图像数据集构建

为了构建广告数据集，我们从各大图像分享网站上采集了 13,021 张广告图像。这些图像包含了绝大部分的产品类型，如男装、女装、家纺、鞋、箱包等。为了结构化广告中的元素内容（如产品、字体等元素），采用众包标注的方法得到图像中的元素边框及其元素标签（如产品、logo 等）（见图 3.10）。最终，得到了 13,021 张广告图像中 97,667 个元素的边框及其标签。与此同时，记录了图像采集过程中所携带的描述性文字信息。这些信息描述了该广告所服务的目标，如"2017 男装节""纪梵希旗舰店"等。在这些标注结果的基础上，为了满足后续的数据学习，进一步对元素边界、色彩等数据进行了扩充。

图 3.10　广告图像标注示例图，不同颜色方框表示不同的设计元素

元素的精细边界。使用 FCIS 语义分割模型来获得广告中产品的精细边界（Y. Li et al., 2017）。算法首先计算了识别区域在整个标注框内所占的比例，以衡量分割结果的质量。对于比例大于一定阈值的标注结果，算法进一步抽离出实例的边框作为产品的边界。对于那些算法难以识别的产品，则利用人工标注的方式优化产品边界。

抽取元素的代表色。考虑到不同类型的设计元素在广告图像中具有不同的作用，故对不同的元素采用了不同的色彩抽取方法。为了得到产品的代表色，在分割图的基础上使用色彩回归模型（Lin & Hanrahan, 2013）计算图像中视觉重要度最高的色彩，并用该颜色来代表用户对产品的第一色彩感受。对于文字元素，首先基于马尔科夫链（Jiang et al., 2013）计算了文字元素的显著图。对显著值较高或偏低的像素点，分别将其视为字体元素的字体部分和背景部分。利用 K-means 聚类方法，算法将覆盖面积最大的颜色作为字体和背景的代表色。最终，共得到了 15,214 个产品色、13,000 个背景色和62,340 个字体色（包括字体及其背景的颜色）。

3.4.2.2 平面广告图像的设计特征

设计特征是平面图像的一种数据表示形式，直接影响着设计的视觉呈现效果。本节提出了如图 3.11 所示的平面图像设计特征模型，以支持特征模型的构建与平面图像的学习。特征从下到上依次包括像素层、元素层、关系层、平面层和应用层。与之相应的特征分别为显示特征、几何特征、感知特征、风格特征和业务特征。最下层的显示特征是计算机原始的数据表示形式。特征的层级越高，特征的抽象程度越高、越接近于人类的主观认知，也越难以用公式进行客观量化。

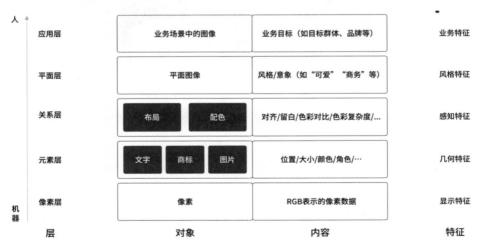

图 3.11　平面图像设计特征

像素是图像基础的数据表示，常以 RGB 数值的形式存储于计算机中。将这类像素数据称为显示特征，多适用于自然图像的学习。因为这类图像常由拍摄的方式获取，以像素作为基本的表示单元。

元素是平面图像的基本表示形式，因为平面图像常由不同类型的设计元素（包括商标、图像和文字）按照一定的规则组合而来。元素本身具有的特征可以称为几何特征。常见的几何特征包括元素的位置、元素的大小、元素的颜色等。除了这些固有的特征以外，根据元素在平面图像中的功能，元素的几何特征还包括元素的角色，如图像元素、文字元素和图形元素等。

关系包括平面图像中的布局和配色。布局是设计元素在图像中的位置关系。合理的布局可以实现图像主题突出和文案信息强调等目的（如对齐、留白和平衡等）。配色对平面图像的整体效果有着至关重要的作用。合理的配色能够基于颜色的象征意义，为目标用户带来不同的视觉感知体验（如色彩复杂度、色彩对比度和色彩和谐度等）。

风格意象是目标用户在布局和配色关系基础上，对平面图像整体的感受。这些特征难以用数学模型直接量化得到。由于目标用户具有不同的知识背景与生活经验，每张平面图像的风格特征常常因人而异。描述性关键词是表达风格特征的主要表示形式，常用的关键词有"可爱""浪漫""简约""典雅"等。

业务特征主要针对设计目标明显的平面图像，最为典型的就是用于产品营销或公司宣传的平面广告图像。与业务相关的特征主要包括品牌、场景和用户三个部分。场景包括具体的投放时间、投放地点和投放方式等。用户是平面图像主要的目标受众，典型的用户群体包括老人、妊娠期妇女和儿童等。

3.4.2.3 布局学习

平面图像的布局问题，本质上是在图像的背景之中，确定各个设计元素的大小和位置等几何特征。构建面向布局相关几何特征的模型，目的是估计不同元素位置的变化规律。这里从布局的几何特征出发，将学习过程分为以下几个部分。

（1）将广告图像中的设计元素进行聚类，从而在聚类的基础上按布局的排布方式（如左右排布等）进行分类，进而分别学习每一种排布方式下的布局特征。

（2）利用概率图模型（probabilistic graphical model）得到产品和每一个

文本元素的初始位置，计算初始的广告布局分布结果。

（3）通过最大后验估计等方法（MAP estimation）计算满足输入文字要求和初始布局的文本排布，从而填充各个初始布局分块。

（4）根据审美规则（如对齐、重要度等规则），优化得到的广告布局，从而输出最终的元素排布结果。

按照如图 3.12 所示的流程，学习并优化广告图的布局。首先通过比例、形状等比对，筛选出含有相似主体图的广告图像。利用这些图像的元素标签和元素位置，将文本进行聚类，从而得到由一个主体和多个文本组合而成的广告数据。为了生成一个初始布局（初始布局中的方框表示主体或文本的位置），构造了概率图模型来求得每个元素边框的大小参数，包括面积及其比例。在获得了边框的大小之后，按照文本元素的数量对训练数据做了分组。针对每一组，通过布局的类型对数据进行分类（如上下布局、左右布局、居中布局）。利用核密度估计可以求得个文本元素下每种布局分类中，主体元素的最佳摆放位置。以该位置为基准再次构造概率图模型，进而求得文本元素相对于主体的中心距离，以及与水平线的夹角等布局参数，实现设计元素的初始布局。

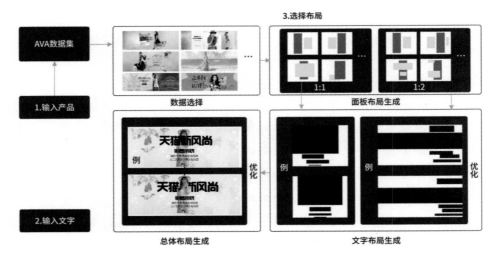

图 3.12　广告自动化布局实现流程

在得到了初始布局以后，就要将输入的产品和文字放置到相应的主体或文本元素边框之中。对于产品图，算法将其放置在初始布局边框的中心，缩放图像直至其触及边框。对于文字，考虑到文字可以根据边框的比例做相应的换行处理，故算法采用了最大后验估计的方法，寻找具有相同大小比例的元素数据中，可以容纳输入文字的最佳摆放方式。在确定了文字位置以后，再以审美评价中的空白和对齐两条指标，对文字的排布做进一步的优化。

此外，在确定了输入产品和文字的位置以后，其前后的位置关系也会影响到广告图最终的呈现效果。因此，算法利用已有的图像识别技术，从图像中检测出视觉显著的区域（如人脸），并将处在这些区域上的文字置于图像元素的后方。

3.4.2.4 配色学习

平面广告色彩在树立产品公众形象，营造产品个性风格方面具有重要作用。由于平面图像中的每一个元素都包含多种颜色，为了简化模型的复杂度，平面广告图像的色彩设计问题被转化为求解图像中主体、背景和文案的主色特征，并保证主色特征间相互和谐的问题（You et al., 2019）。

在实现过程中，算法构建概率模型来拟合色彩几何特征在数据中的分布，学习广告配色。方法首先构建了局部色彩模型。该模型将采集到的 n 个色彩特征 $(x_b^1, x_b^2, \cdots, x_b^n)$ 作为数据点，利用核密度估计的方法拟合得到连续的概率密度分布：

$$f(x) = \frac{1}{n} \sum_{i=1}^{n} K_h(x - x_b^i) = \frac{1}{nh} \sum_{i=1}^{n} K\left(\frac{x - x_b^i}{h}\right)$$

算法将高斯函数作为核函数，并分别对某一元素的（如背景元素）色相、亮度、饱和度作核密度估计，从而得到该类别元素在特定条件下的局部色彩特征分布。该模型可以预测在元素中使用最广的色彩、亮度等特征。此外，由于有些元素的色彩会受到其他色彩的影响（如文本元素中文本的颜色会受到背景颜色的影响），难以用局部色彩模型预测其色彩表现。因此，方法进一步构建了成对色彩模型。该模型将多元逻辑回归（multinomial logistic regression）方法和高斯混合模型相结合，构造了基于条件 b 的概率密度分布 $p(x_t \mid b_t)$：

$$p\,(x\mid b)=\sum_{i=10}\exp\Big(\frac{-\|x-c_i\|^2}{2\sigma^2}\Big)\cdot p\,(c_i\mid b)$$

简单来说，条件 b 可以用来表示背景色的特征分布，而特征则用来表示对应条件下的色彩特征分布情况。图 3.13 展示了该函数在不同背景颜色下的色彩预测结果。给定不同的背景亮度作为条件（图像下方颜色的亮度），函数会给出不同的文字亮度分布情况。结果显示暗的背景更适于高亮的文字，而明亮的背景下，暗色的文字表现会更为突出。

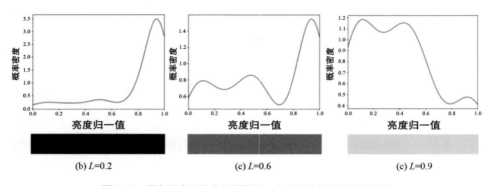

图 3.13　同色彩亮度的字体背景下，文字亮度的预测分布结果

3.4.3　广告生成的应用案例

在 8,100 张服装广告数据的基础上，利用以上自动化广告生成方法，可以实现服装广告的自动化生成。在生成过程中，设计师只需要提供基本的设计素材（产品图、文字），进行一些操作，就可以得到相应风格的广告图像。

3.4.3.1　平面布局生成

如图 3.14 所示，为了得到自动排布的布局结果，用户需要输入算法所需的产品图、背景图及逐行的描述性文字。图 3.14 中展示了"左右"布局和"中心"布局的算法实现结果。在结果中，每张广告图右下角的矩形图为初始布局的生成结果。在该初始布局的基础上，经过产品元素填充、文字排布的优化等一系列计算以后，最终得到图中所示的布局生成结果。结果显示左右布局是设计师使用频次最多的布局样式，"中心"布局次之。相对于其他布局，这两种布局方式更能够达到视觉上的平衡，从而给人较好的审美体验。此外，相较于多文本元素的布局生成结果（k 为文本元素的个数），单文本元素的生成方法稳定性更高，视觉上也更为统一。

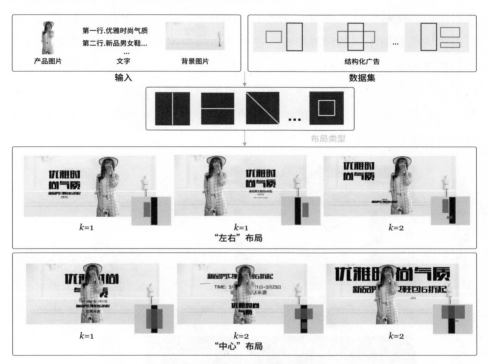

图 3.14　广告平面自动布局结果

3.4.3.2　平面色彩生成

在对一张平面广告图像进行配色时，设计师往往需要考虑不同的设计需求。第一是审美需求，要求图像中的色彩能够相互和谐且满足色彩的流行趋势；第二是功能需求，要求图像中的色彩能够契合平面广告图像的内容与品牌；第三是个性化需求，要求图像中的色彩能够迎合用户的喜好。

色彩之间的和谐程度是影响用户审美感知的一个重要评价标准。由于平面广告图像产品颜色的更改会影响用户对内容真实性的感知，色彩设计的首要目标是保证图像中的颜色与已有的产品颜色相互和谐。图 3.15 展示了基于产品元素图像主色的色彩生成结果。图中左侧图像为输入的产品元素，右侧图像为特征模型中得分最高的图像色彩重构结果。在具体的模型构建过程中，算法首先计算输入产品元素的主色与数据集中产品元素主色之间的欧几里得距离。然后，算法将所有距离小于阈值的图像作为模型训练数据，并赋予这些训练数据不同的训练权重。这些权重将决定对应特征在模型训练过程中的采样频率，进而影响特征的概率密度分布。从图像的色彩生成结果中可以看到，除了个别图像在字体与背景颜色的对比度上稍有不足，影响文案信息传达以外，绝大部分结果能够很好地匹配产品元素中的主色，保证整张图像的色彩相互和谐统一。

图 3.15　基于产品元素图像主色的色彩生成结果

不同的平面广告图像常常面向不同的目标场景。针对不同场景中的产品类型、产品品牌等内容，图像需要不同的色彩搭配策略。图 3.16 展示了基

于目标场景关键词的图像色彩重构结果。图中上方为特征模型中得分最高的
4 张图像色彩重构结果。图中下方为与之对应的目标场景关键词。在具体的
模型构建过程中，算法会计算输入关键词与图像描述信息的匹配度，从而筛
选关键词相关的平面广告图像，并作为训练数据。从图像生成结果中可以看
到，以 "618" 为主题的平面广告图像，颜色会更多地趋近于红色和紫色，以
营造喜气、欢庆的节日氛围。面向 "MUJI" 品牌的平面广告图像，则偏向于
使用灰色和白色等颜色，从而强化品牌在用户心中的固有印象。

618

MUJI

图 3.16　基于目标场景关键词的图像色彩重构结果

　　在平面图像设计过程中，设计师常常会从喜欢的图像中获得灵感，并将
之应用于色彩设计中。为了满足目标用户不同的色彩喜好，可视化交互界面
提供了反馈设计师色彩需求的接口。利用界面中的框选工具，设计师可以选

择一组特定色彩风格的图像。算法会将这些图像作为训练依据，生成对应色彩风格的图像，以满足不同目标用户的色彩偏好。图 3.17 展示了可视化交互对色彩生成结果的影响。图中的三块黑色方框区域分别为设计师选择的特定风格图像，每个区域图像训练得到的色彩生成结果展示在图的右方和下方。从结果中可以看到，设计师框选的特定风格图像可以明显影响模型的特征估计结果，进而帮助算法生成相应色彩风格的平面广告图像。

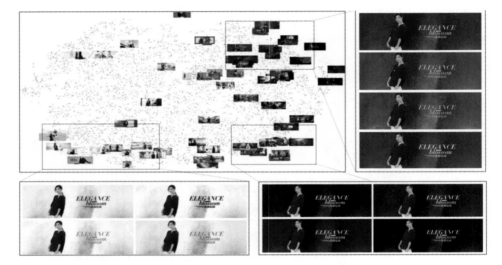

图 3.17 可视化交互对色彩生成结果的影响

学习资源

想要进一步了解人工智能基础知识，可以阅读《人工智能：一种现代化方法》（Stuart J. Russell, Peter Norvig, 清华大学出版社，2013 年），以及人工智能相关的慕课，如中国大学慕课《人工智能：模型与算法》（浙江大学 吴 飞）。

想要更详细地了解人工智能技术在设计应用中的最新研究，可搜索：*Frontiers of Information Technology & Electronic Engineering* 2019 年第 20 卷第 12 期的文章 "A Review of Design Intelligence: Progress, Problems, and Challenges"

及其相关引用文章。

若想要了解平面广告生成的具体技术和细节，可以阅读 *Journal of Computer Languages* 2019 年第 55 卷的文章 "Automatic Advertising Image Color Design Incorporating a Visual Color Analyzer" 以及相关引用文章。

参考文献

An, J., Kwak, H., Jansen, B. J. (2017). Automatic generation of personas using youtube social media data. Proceedings of the 50th Hawaii International Conference on System Sciences (HICSS). Hawaii, USA.

Augello, A., Cipolla, E., Infantino, I., et al. (2017). Creative Robot Dance with Variational Encoder. ArXiv:1707.01489 [Cs]. http://arxiv.org/abs/1707.01489.

Charpiat, G., Hofmann, M., Schölkopf, B. (2008). Automatic image colorization via multimodal predictions. European Conference on Computer Vision Berlin Heidelberg: Springer, 126 – 139.

Chaudhury, S., Jindal, M., Roy, S. D. (2009). Model-guided segmentation and layout labelling of document images using a hierarchical conditional random field. International Conference on Pattern Recognition and Machine Intelligence. Springer, Berlin, Heidelberg: 375 – 380.

Choi, J., Kim, C. (2016). Object-aware image thumbnailing using image classification and enhanced detection of ROI. Multimedia Tools and Applications, 75(23): 16191 – 16207.

Gero, J. S. (1990). Design Prototypes: A Knowledge Representation Schema for Design. AI Magazine, 11(4): 26. https://doi.org/10.1609/aimag.v11i4.854.

Goel, A. K., Rugaber, S., Vattam, S. (2009). Structure, behavior, and function of complex systems: The structure, behavior, and function modeling language. AI EDAM, 23(1): 23 – 35. https://doi.org/10.1017/S0890060409000080.

Goodfellow, I., Pouget-Abadie, J., Mirza, M., (2014). Generative Adversarial Nets //Z. Ghahramani, M. Welling, C. Cortes, et al. (Eds.), Advances in Neural Information Processing Systems 27 (pp. 2672 - 2680). Curran Associates, Inc. http://papers.nips.cc/paper/5423-generative-adversarial-nets.pdf.

Gu, Z., Lou, J. (2016). Data driven webpage color design. Computer-Aided Design, 77: 46 - 59.

Isola, P., Zhu, J. Y., Zhou, T., Efros, A. A. (2017). Image-to-Image translation with conditional adversarial networks. 2017 IEEE Conference on Computer Vision and Pattern Recognition (CVPR): 5967 - 5976. Hawaii, USA. https://doi.org/10.1109/CVPR.2017.632.

Jiang, B., Zhang, L., Lu, H., et al. (2013). Saliency detection via absorbing markov chain: 1665 - 1672. Proceedings of the IEEE International Conference on Computer Vision, Sydney, Australia. http://openaccess.thecvf.com/content_iccv_2013/html/Jiang_Saliency_Detection_via_2013_ICCV_paper.html.

Li, X., Zhao, H., Nie, G. et al. (2015). Image recoloring using geodesic distance based color harmonization. Computational Visual Media, 1(2): 143 - 155.

Li, Y., Qi, H., Dai, J., et al. (2017). Fully Convolutional Instance-Aware Semantic Segmentation: 2359 - 2367. Hawaii, USA. http://openaccess.thecvf.com/content_cvpr_2017/html/Li_Fully_Convolutional_Instance-Aware_CVPR_2017_paper.html.

Lin, S., Hanrahan, P. (2013). Modeling how people extract color themes from images. Proceedings of the SIGCHI Conference on Human Factors in Computing Systems: 3101 - 3110. Paris, France. https://doi.org/10.1145/2470654.2466424.

Lin, S., Ritchie, D., Fisher, M., et al. (2013). Probabilistic color-by-numbers: Suggesting pattern colorizations using factor graphs. ACM Transactions on Graphics (TOG), 32(4): 1 - 12.

Lin, X. (2006). Active layout engine: Algorithms and applications in variable data printing. Computer-Aided Design, 38(5): 444 - 456. https://doi.org/10.1016/j.cad.2005.11.006.

Matsuda, Y. (1995). Color Design. Tokyo, Japan: Asakura Shoten.

McCarthy, J. (2007). What is Artificial Intelligence? [2021-08-30]. http://jmc.stanford.edu/articles/whatisai/whatisai.pdf.

Moon, P., Spencer, D. E. (1944). Geometric formulation of classical color harmony. JOSA, 34(1): 46 - 59.

Ngo, D. C. L., Teo, L. S., Byrne, J. G. (2002). Evaluating interface esthetics. Knowledge and Information Systems, 4(1): 46 - 79. https://doi.org/10.1007/s10115-002-8193-6.

O'Donovan, P., Agarwala, A., Hertzmann, A. (2014). Learning layouts for single-pagegraphic designs. IEEE Transactions on Visualization and Computer Graphics, 20(8): 1200 - 1213.

Russell, S. J., Norvig, P. (2016). Artificial Intelligence: A Modern Approach. Malaysia; Pearson Education Limited. http://thuvienso.thanglong.edu.vn/handle/DHTL_123456789/4010.

Strohmann, T., Siemon, D., Robra-Bissantz, S. (2017). brAInstorm: Intelligent assistance in group idea generation//A. Maedche, J. vom Brocke, & A. Hevner (Eds.), Designing the Digital Transformation (pp. 457 - 461). Bertin: Springer International Publishing. https://doi.org/10.1007/978-3-319-59144-5_31.

Yang, X., Mei, T., Xu, Y.Q., et al. (2016). Automatic generation of visual-textual presentation layout. ACM Transactions on Multimedia Computing, Communications, and Applications, 12(2): 33:1 - 33:22. https://doi.org/10.1145/2818709.

You, W.T., Sun, L.Y., Yang, Z.Y., et al. (2019). Automatic advertising image color design incorporating a visual color analyzer. Journal of Computer Languages, 55: 100910. https://doi.org/10.1016/j.cola.2019.100910.

第4章

深度学习与设计生成

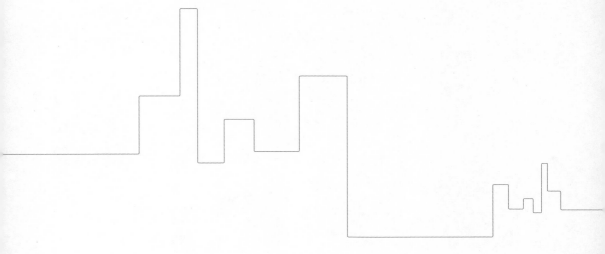

人工智能不仅可支持大规模、低值、易耗设计的生产，而且可支持设计师进行更具创意的图像生成工作。深度学习等机器学习技术具备生成各种类型（图像、语音、语言等）数据的能力。2018 年 10 月，佳士得纽约拍卖会以 43.25 万美元（近 300 万元人民币）的价格成功拍卖一幅名为 "Edmond de Belamy" 的画作。画作展示了一位身着黑色外套和白色衬衫的男子，男子四周不规则的边缘仿佛还带着一些随性（见图 4.1）。如果你认为这幅画出自某位艺术家之手，那你就错了。在画面右下角有一个让人意想不到的签名，一个数学公式。这个签名告诉人们：这幅画由人工智能创作，而这个公式正是生成这幅画的深度学习算法所用的损失函数。

图 4.1 人工智能创作画作 "Edmond de Belamy"
(public domain)

"Edmond de Belamy" 是法国艺术组织 Obivious 使用深度学习算法生成的画作，该团队将 14 世纪到 20 世纪间约 15,000 幅肖像画作为训练数据，让计算机分析这些经典的肖像画，并提取这些画中的潜在特征，以生成与原画相似但又不同的新图像。

换句话说，人工智能算法生成的画作不是对已有 15,000 幅图像的简单复制与拼凑，而是新的创作。

本章首先将简单介绍深度学习，特别是生成式对抗神经网络等技术；随后，呈现这些技术与设计结合的可能性，介绍一些典型的应用；最后，以我们开发的人机协同绘画系统 SmartPaint 为例，说明人与人工智能协作生成创意图像的一种方法。

4.1 深度学习概述

深度学习是基于神经网络发展起来的技术。人工神经网络启发自生物神经网络的计算模型。目前的神经网络和生物神经网络在结构上已不尽相似，但仍统称为神经网络。1943 年，美国神经科学家沃伦·麦卡洛克（Warren McCulloch）和计算机科学家沃尔特·皮茨（Walter Pitts）提出人工神经网络的概念以及人工神经元的数学模型 MP 模型。该模型试图通过构建类似人脑神经元的网络模型来模拟人脑神经元的工作方式，进而模拟人脑处理信息的方式。1986 年，Rumelhart, Hinton 和 Williams（1986）在 *Nature*（《自然》）上发表了著名的反向传播算法，用于训练神经网络。2000 年前后，由于计算资源有限，训练集规模小，人们更倾向于浅层机器学习算法（如支持向量机，最邻近分类器等）。深度学习的概念约于 2006 年正式被提出（Hinton & Salakhutdinov, 2006）。所谓深度学习，就是采用深度神经网络对数据进行表征学习的算法。目前，通常把三层或以上的神经元叠加形成的神经网络模型统称为深度神经网络。

深度学习的迅猛发展得益于几个外部条件的成熟。第一，互联网普及带来了数据量的激增，宣告了大数据时代的来临。由于模型越复杂所需的训练数据也越多，所以激增的数据恰好为深度神经网络的学习提供了数据保障。第二，硬件平台的进化。深度学习模型的运行需要大规模的数值运算，而英伟达等品牌的显卡发展大大加深了机器的算力，充分支持了深度学习的各种应用。第三，开源工具的繁荣。随着开源工具的普及，大量高效的开发工具和应用平台应运而生。这大大降低了深度学习的开发门槛，使得算法更容易被实现，也更容易进行部署和应用。以谷歌、英伟达和微软等为代表的 IT 企业，利用拥有的海量数据资源，结合最新的深度学习算法，实现了一系列突破，进一步推动了深度学习相关研究的发展。

由于深度学习模型通常都具有多层网络结构，包含网络参数众多，因此具有强大的拟合能力。网络层数越深，深度神经网络的拟合能力就会越强，越能挖掘数据中复杂的内在关系和规律。相较于传统机器学习方法，深度学习方法不需要人类额外地给予先验知识，如告诉计算机如何学习数据，而能够通过多重非线性变化构成的多个处理层，实现数据的自动高维抽象。

深度神经网络也存在很多缺陷，例如不可解释性、大数据依赖性。不可解释性即算法学习过程难以被人类理解，这造成了模型的参数优化困难、扩展能力不足等问题。数据依赖性指神经网络需要大量的样本对参数进行有效训练。然而，并非所有领域的问题都有充分的样本数据，在样本缺失的条件下，神经网络的训练常常困难重重。为了解决以上这些问题，开始出现深度学习可解释性研究、迁移学习、小样本学习等研究领域，感兴趣的读者可查阅相关资料进行学习。

扩展阅读：卷积神经网络

卷积神经网络在计算机视觉领域被广泛应用于提取图像特征。卷积神经网络由一层或多层卷积层（通常具有子采样步骤），后接一层或多层完全连接层组成。卷积神经网络的结构设计使其能够充分利用输入图像的 2D 结构，这是通过局部连接和权值共享来实现的。此外，卷积神经网络的另一个优点是，它比具有相同数量的隐藏单元的全连接网络更容易训练并且具有更少的参数。

通常卷积神经网络主要包括三部分：卷积层、池化（下采样）层和完全连接层。

卷积层：用来进行特征提取。卷积层的输入是 $m \times m \times r$ 大小的图像，两个 m 值代表图像的长和宽，r 代表颜色通道数。例如，一张 RGB 图像就有 $r=3$ 个颜色通道。卷积层具有 k 个 $n \times n \times q$ 大小的过滤器（或称为卷积核），这里 n 需要小于输入图像的尺寸，q 可以与通道数 r 相同或者比通道数 r 小，并且其大小可能会因为卷积核的不同而不同。过滤器与图像进行卷积操作产生 k 个大小为 $m-n+1$ 的特征图。

池化（下采样）层：池化层的作用是对输入的特征图片进行压缩，该操作不但能够提取出图像主要特征，还能够有效减小特征图，从而降低网络计算复杂度。池化操作能够对图像不同位置的特征进行聚合统计，该操作能够有效避免出现过拟合的问题。池化操作包括平均池化、最大值池化、混合池化、随机池化等，采用不同的池化操作会得到不同效果。因此，池化操作的选择也往往是网络优化的一个重要部分。

全连接层：连接所有之前层获取到的特征，在整个卷积神经网络中起到"分类器"的作用。全连接层中的每一个节点都与上一层中的所有节点相连，从而将之前层提取到的特征综合起来，使得网络能够根据所有得到的特征作出分类决策。

思　考

1. 你认为什么类型的问题无法使用深度学习技术来学习和解决，为什么？
2. 使用深度学习技术学习到的知识会存在哪些潜在的问题？

4.2 深度生成模型

4.2.1 生产对抗神经网络

深度生成网络是深度学习技术在设计应用中最关键的模型之一。围绕该模型的生成式方法通过学习数据的分布假设和分布参数，能够找到表示数据的最佳分布。通过这样的训练获取到的模型亦被简称为生成模型。生成模型可以得到并不存在于数据集但满足相同分布的样本。这种特性使计算机能够通过学习海报、产品等数据，协作或独立生成视觉艺术、音乐、视频、海报、网页、桌椅和汽车等作品。

深度生成模型有很多，比较有名的有玻尔兹曼机、受限玻尔兹曼机、深度信念网络、可微生成器网络等。本书主要涉及的生成模型包括变分自动编码机（variational auto-encoder, VAE）（Larsen et al., 2016）和生成式对抗神经网络（generative adversarial networks, GAN）（Goodfellow et al., 2014）。

介绍 VAE 之前简单介绍自编码器（auto-encoder, AE）。AE 网络包含编码器和解码器两个部分，其目标是使得网络的输出值尽可能与输入值相等。换句话说，它试图学习一个"身份函数 f"，使输出的 $\hat{x} = f(x)$ 尽可能与 x 相似。自编码器可以将图像或者其他高维的数据编码到低维空间，获得低维隐向量，再通过解码器将隐向量重构为原始数据。因此，自编码器常常被用在数据降维、数据压缩等任务中。然而，AE 无法用来生成任意图像，因为我们无法自己构造隐向量。VAE 是 AE 的生成版本，通过优化一个变分下界来迫使编码的隐向量能够粗略遵循一个正态分布，实现数据到先验分布的近似映射。于是，在 VAE 训练完成后，通过输入一个符合标准正态分布的随机隐向量，就可以使用解码器生成新的图像。VAE 的训练稳定，能够进行隐变量推断和对数似然估计，但是生成的样本比较模糊。

GAN 是生成模型的一种新型框架（见图 4.2）。与其他生成模型相比，GAN 具备更逼真的生成效果。GAN 详细的发展史和综述超出本书范畴，如有兴趣推荐阅读综述文章（Hong et al., 2019）。简要来说，GAN 由生成器网络与判别器网络两个部分组成。生成器网络以一个随机噪声向量 z 作为输入，输出一个生成样本 $G(z)$。判别器网络是判别器 D，将真实样本 x 或生成样本 $G(z)$ 作为输入，输出一个概率值来评估输入的样本为真的可能性。如图 4.2 所示，GAN 结构的提出者提出生成器和判别器最小最大博弈的准则函数 $V(G, D)$：

$$\min_{G} \max_{D} V(G, D) = E_{x \sim P_{\text{data}(x)}}[\log D(x)] + E_{z \sim P_{z(z)}}[\log(1 - D(G(z)))]$$

其中，z 取自先验分布 $P_z(z)$（如正态分布），$E(\cdot)$ 表示计算期望值。生成器部分可以是任何形式的神经网络，例如卷积神经网络、循环神经网络等。GAN的核心就是找到最优参数使得生成器产生的数据样本分布尽可能接近原数据分布 $P_{\text{data}}(x)$。事实证明，在温和的假设下，这种零和博弈解决方案可以达到纳什均衡。换句话说，对于生成器网络输出的假样本，判别器无法区分它是来自真实分布还是生成分布。

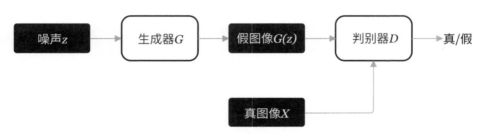

图 4.2　生成式对抗神经网络模型框架

生成对抗网络之父伊恩·古德费罗（Ian Goodfellow）给出了一个比喻。假币制造商不断生产假钞，而政府有真钞和验钞机。政府不断改进验钞机以区分真假钞，假币制造商不断改良假钞的制造技术使得验钞机无法区分。等到极致的验钞机都完全辨不出真假的时候，那么假钞就成为真钞。GAN作为假币制造商就获得了生成高质量假钞的能力。

第一篇 GAN 文章只在简单的数据集上验证了算法的有效性，例如MNIST（LeCun et al., 1998）、CIFAR10（Krizhevsky & Hinton, 2009）等低分辨率的图像数据。直到 DCGAN（Radford et al., 2015）相关论文发表之后，GAN才真正开始显现出相比其他生成模型的优势：即使针对非常复杂的数据，也能获得非常吸引人的生成效果。GAN 从 2014 年到本书撰写阶段的短短几年时间，得到了非常迅速的发展。Yann LeCun 更是称其为"过去十年间机器学习领域最让人激动的点子"。研究者们在目标函数、优化策略、算法稳定性和训练策略等问题上不断改进，使得 GAN 的生成效果越来越逼真。目前，GAN 被广泛应用于计算机视觉和自然语言处理等领域的生成问题当中。

扩展阅读：原始GAN的缺点

1. 训练不稳定，难以收敛。原始 GAN 的一轮训练过程包含优化 k 次判别器 D 和优化 1 次生成器 G，需要保持 D 和 G 的同步，容易造成 GAN 训练的不稳定。

2. 模式坍塌 (mode collapse) 问题，即生成器只能生成有些微差别的样本，造成生成样本缺乏多样性。

3. 梯度消失问题，即当真实样本和生成样本之间没有重叠或者重叠可以忽略时，生成器网络的目标优化函数是一个常数。在原始 GAN 的训练中，判别器训练越好，生成器的梯度消失越严重，由此造成训练后期生成器无法得到优化。

4.2.2　条件生成对抗网络

在实际的生成任务中，对输出结果进行约束是很自然的要求，条件 GAN 模型（Mirza & Osindero, 2014）应运而生。此类模型在随机噪声 z 的基础上引入条件变量 y，使用额外信息 y 来对模型增加条件，指导数据生成过程（见图 4.3）。这个条件 y 可以是任意的内容，例如一张图片的类别信息、对象的属性、图片的文字描述等。例如，在生成手写数字时，数字的类别"1，2，3…"就可以作为条件输入给模型，告知模型需要生成哪一个数字，从而生成结果被噪声和条件信息共同约束，实现可控制的生成。条件 GAN 的目标函数可以表示为：

$$L_{cGAN}(G, D)=E_{x, y}[\log D(x, y)]+E_{x, z}[\log(1-D(x, G(x, z)))]$$

除了输入给生成器 G 条件信息，还可以借鉴半监督学习的思想，加入更多的边信息作为监督信号。如图 4.3 所示的 C，是一个辅助分类器。给判别器 D 增加一个辅助的分类器，可以有利于生成更锐利的样本，同时可以缓解模式坍塌问题（Odena et al., n.d.）。这个分类器可以是预训练的模型，也可以和判别器 D 共享大部分网络参数同时进行训练。

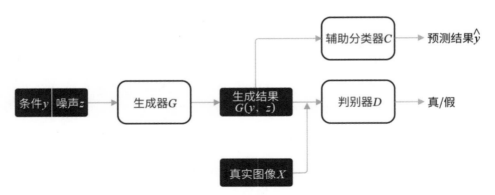

图 4.3　条件生成式对抗神经网络模型框架

GAN 只能实现单向的生成，即输入随机噪声 z，输出生成样本 G (z)。GAN 缺乏从样本空间反向映射回特征空间的能力，即我们无法获知噪声的各个维度如何影响生成图像的表现。通过引入编码器 E，使其与生成器 G 配合，可以实现数据空间和特征空间的双向映射（Donahue et al., 2016；Dumoulin & Visin, 2016），如图 4.4（a）所示。编码器 E 输入真实样本，输出特征向量。生成器 G 输入特征向量，输出生成样本。判别器接收成对的特征和样本，判别它们来自真实数据还是生成数据。在编码器的帮助下，GAN 能够具备有效的推理能力，可以学习到更有意义的特征表示。例如，在人脸生成任务中，可以使用编码器分别对所有男性人脸照片和女性人脸照片进行编码，得到表示"男性"和"女性"的特征向量。在使用生成器生成图像的时候，我们可以通过调节"男性"和"女性"特征向量的比重，来控制生成人脸的性别。

VAE-GAN 由两个著名的生成模型组合而来，即变分自动编码机（VAE）和 GAN。如图 4.4（b）所示，VAE 部分提供了特征空间的先验，作为 GAN 的输入。这样的结合，一方面保留了 GAN 强大的生成能力，避免了 VAE 生成模糊的弊端；另一方面，吸收了 VAE 可以更大程度上保证生成多样性的特点，缓解了单纯使用 GAN 时的模式坍塌问题。将编码器或 VAE 与 GAN 相结合，可以对数据的特征空间进行解构，寻找更有价值的数据特征表示。通过控制特征空间上的特征，实现对生成样本属性的分解和表示。

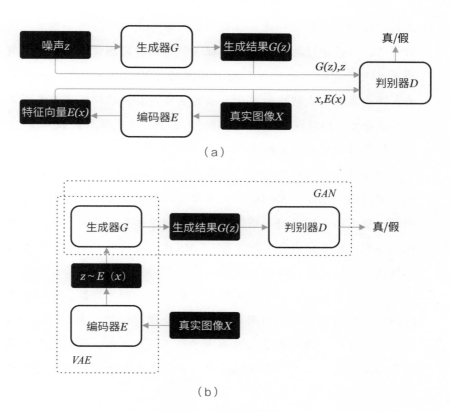

图 4.4　GAN 架构。
（a）带有自动编码器结构的 GAN 架构；（b）带有变分自动编码器结构的 GAN 架构

扩展阅读：重要的GAN变体

传统 GAN 存在收敛问题、模式坍塌以及不可控等问题，基于这些问题，近年来的研究分别从网络模型、目标函数等方面对 GAN 进行改进。以下介绍几个最经典的 GAN 变体。

深度卷积生成网络

深度卷积生成网络（deep convolutional GAN, DCGAN）（Brock et al., 2018）将 GAN 与卷积神经网络结合，对模型施加约束、提升训练技巧，在训练过程中表现更加稳定，在不同数据集上都取得良好的生成结果，已成为 GAN 模型的基准。此外，它的生成器能够进行有趣的矢量算数加减，证明生成图像不是对数据库中图像元素的记忆，而是通过特定过滤器已经学会绘制特定图像。例如，微笑的女性人脸—中立的女性人脸＋中立的男性人脸＝微笑的男性人脸。深度卷积生成网络相对于一般的生成对抗网络而言具有更强大的生成能力，同时训练起来更加稳定、容易，生成样本更加多样化。

拉普拉斯生成对抗网络

拉普拉斯生成对抗网络（LAPGAN）（Denton et al., 2015）是一个串联网络，包含从大到小的一系列子网络。一幅图像的金字塔是由同一张图的不同分辨率图像集合按照金字塔形状排列形成。从塔顶到塔底，图像分辨率不断增高。LAPGAN 先用低分辨率的样本生成低分辨率的图像，再将生成的低分辨率图像作为下一阶段输入的一部分和对应的高分辨率样本生成对应的高分辨率图像，每一个阶段的生成器都对应一个判别器，判断该阶段图像的真伪。LAPGAN的优点是每一个阶段的生成器都能学到不同的分布，传递到下一层作为补充信息，经过多次特征提取，最终生成图像的分辨率得到较大提升，生成结果更逼真。

信息生成对抗网络

信息生成对抗网络（InfoGAN）（Chen et al., 2016）改进 GAN的输入信息，使得 GAN 的输入不只是语义模糊的随机噪声，对随机噪声与生成图像特征之间对应关系建模，并且可以通过控制相应维度的隐变量来控制生成的样本产生相应的变化。例如，对于Minist 手写字生成模型，离散部分的隐变量可取值为 0 ~ 9 用于控制数字，连续部分隐变量可用于控制字的倾斜度、粗细度等特征。同时还提出一个约束函数称之为互信息，可以保证附加的输入信息可以很好地被利用。

4.3　生成模型应用

生成模型使人类和机器之间的合作创作变得更加深入和智能化。一方面，生成模型得到的结果能够启发设计师生成创意、提升设计师创作效率、降低设计师劳动成本；另一方面，绘画创作、音乐创作等创造性活动需要特定的专业知识和经验，生成式技术快速生成内容的能力可以使得未经训练的普通用户参与到这些创造性活动中。本节内容总结典型的生成模型及其在设计中的潜在应用，包括文本-图像生成、图像-图像翻译、图像增强和内容-风格迁移等。

4.3.1　文本到图像的生成

文本生成图像，即输入一段或者一句文本，输出包含该文本语义信息的图像，是一种直观且灵活的图像生成方式（见图 4.5）。文本生成图像的技术，让人和机器之间的"你说我画"变成现实。基于该技术的工具可以作为设计或非设计人员的绘图助手，也可以作为声控美化照片工具，甚至应用于根据电影剧本创作动画电影等场景。在平面广告设计领域，文本生成图像技术可以为广告制作团队生成广告用的配图，节约雇用插画制作人员的费用；在家具、日用品等生产领域，可以通过给出一段产品描述，批量生成大量的产品概念图，从而给设计者提供可选择的样例空间，降低设计环节的工作量。

在蓝色的海洋中有一艘红色的船

图 4.5　文本到图像的生成实例（图片使用 GAN，基于文字描述生成获得）

　　文本生成图像是结合计算机视觉和自然语言处理两个领域的综合性任务，需要在理解文本语义的基础上，根据文本的内容构建出合理的像素分布，形成一幅完整的图片。因为给出的文本所包含的信息量通常小于其所对应生成的图像（文本通常只对图像中主体部分大致进行描述，图像还包含主体所处背景、图像全局特征等额外信息），所以一个给定的文本可能会对应多张符合其描述的图像结果，这是文本生成图像任务的难点所在。

　　GAN-INT-CLS 是首次尝试使用 GAN 从文本描述生成图像的方法 (Reed et al., 2016)。这种方法总体上和条件 GAN 相似，唯一的区别是使用文本描述嵌入，而不是原始条件 GAN 中的类标记或属性。同时，对判别器的设计也进行了改进。在原始的 GAN 中，判别器的任务是能够准确分辨真实样本为 True，生成的样本为 False。GAN-INT-CLS 中有四组匹配关系：{真实图像、正确文本}、{真实图像、错误文本}、{假图像、正确文本}和{假图像、错误文本}。换句话说，在文本生成图像的任务中，判别器不仅需要分辨真实图像和生成的假图像，还需要判别生成的图像和输入的文本语义是否相符。GAN-INT-CLS 只能处理简单的描述性语句，即一个表示物体的词语加上表示颜色或状态的修饰性词语组成的短句。

后续的研究旨在生成更加符合文本描述需求的、细节更加精确的图像。例如，微软亚洲研究院提出 AttnGAN（Xu et al., 2018），将注意力机制引入生成模型中，能够根据复杂句子绘制图像。AttnGAN 用数学公式表示了人类的注意力模型，通过将输入的文本内容拆分为单个的词语，完成了图像中特定区域的匹配，以实现最终图像绘制的任务。具体地，AttnGAN 将每句话嵌入到全局语句向量中，将句子中的每个词嵌入到词向量中，利用全局语句向量生成第一阶段的低分辨率图像。第二阶段以第一阶段生成的图像为基础，将词向量作为关注层的约束进行组合，以产生更好的图像结果。AttnGAN 能够生成具有丰富内容的图像，例如"田园场景""海面漂浮巴士"等。此外，除了根据单句文本生成单张图像，StoryGAN（Li et al., 2019）还可以根据多个句子生成一系列图像，实现故事的可视化。它包含一个动态跟踪故事流的深度上下文编码器，以及图像判别器和故事判别器共两个判别器，用以帮助提高图像质量和生成序列的一致性。

4.3.2　图像翻译

图像到图像的翻译，即将图像从源域 X 转换到目标域 Y，可分为有监督的图像翻译和无监督的图像翻译。图像到图像的翻译模型能够在两个或多个图像数据集上训练，这样训练得到的新模型可以带有两个或两个以上概念的视觉特征，激发设计师的创意灵感。在使用过程中，可根据设计师的各种输入，比如文字、草图、语义框，生成对应的完整图像，使得设计师快速预览自己的想法。图像到图像的翻译实例如图 4.6 所示。

冬天 → 夏天　　　苹果 → 橘子

莫奈画作 → 照片　　　马 → 斑马

图 4.6　图像到图像的翻译实例

4.3.2.1　有监督的图像翻译

pix2pix（Isola et al., 2017）首先引入"图像翻译"的概念，并将之定义为"在给定足够训练数据的情况下，将场景的一种可能表示转换成另一种表示的问题。"他们构建了一个基于条件 GAN 的通用框架 pix2pix，该框架不仅能够学习从输入图像到输出图像的映射，还能在损失函数的帮助下，强化这种映射关系。目前，该框架已经成为由监督的图像到图像翻译的研究基础。

在生成器与判别器对抗训练的基础上，pix2pix 增加了对生成器的约束，要求生成器的输出尽可能接近真实图像。伴随条件输入的数据被输入到生成器，生成的图像和相应的条件都被提供给判别器。Pix2pix 这一通用解决方案被用于解决各种有趣的视觉任务。

基于草图生成图像的技术，可以让用户从寥寥几笔的粗略草图得到高质量的、内容完整的图像。草图是人类一种直观地表达和交流想法的方式，能够说明基本意向和概念。Pix2pix 可以基于人的手绘草图快速得到完整图像，这对于设计师探索想法、人与人之间的交流都有着很大帮助。克里斯托弗（Christopher）使用大约 2,000 幅真实的猫的图像，经过边缘检测算法得到猫图的边缘线条图，将真实猫图和边缘线条图用于训练 pix2pix 生成网络，并开发了一个网页应用 "edge2cat" [1]。用户只需在网页上绘制猫的草图，就可得到生成的猫的真实图像。为了更加精确地控制图像生成，Adobe 提出图像生成器 Scribbler（Lu et al., 2017），该生成器可以基于绘制的草图和指定的颜色生成图像。用户通过指定生成图像每一部分物体的颜色，即可得到更加心仪的图片。此外，TextureGANXian（Sangkloy et al., 2018），让用户能够指定生成图像的纹理。例如，用户想要设计一款包，就可以用草图来表达想要的形状和款式，并通过纹理块来指定包的纹理材质。计算机通过包的草图和指定的纹理，就能够生成对应包的图像，帮助用户确定最终的设计款式。图像着色（Zhang et al., 2016）是 pix2pix 算法另一个应用案例，能够在给定灰度照片作为输入的情况下，解决照片的彩色着色问题。

在 pix2pix 算法的基础上，后续研究的重点是获得更高清晰度的效果以及将该方法应用到视频数据等领域。

案例：字体生成

设计一套全新的字体是一项困难、工作量巨大的工作。设计一套英文字体，设计师需要分别设计 26 个英文字母，当要设计一套新的中文字体，设计师则需完成 26,000 多个字的设计，该工作往往需要花费数月。因此，传统人工字体设计人力成本非常之高，字体版权的使用成本也很高。利用计算机自动生成字体一直以来就是一个重点研究领域。利用深度学习来辅助新风格字体的设计生成，设计师只需设计一套字体中的一小部分字（这一小部分字要尽可能包含汉字中所有偏旁部首），计算机学习设计师设计的这一小部分字，然后推断生成其余字符的形状。

zi2zi 字体生成模型可以实现这一功能 [2]。其指出，人类设计师

---

[1]　https://affinelayer.com/pixsr。

[2]　https://kaonashi-tyc.github.io/2017/04/06/zi2zi.html。

在设计全新的字体时，并不是从头开始学习字母／字符，所有的设计师都是需要经过多年的学习培训才能理解字母／字符的结构和基本原理，然后才具有自主设计字体的能力。为了体现这一点，zi2zi模型不仅了解自己的风格，还要了解其他字体的风格。因此，使模型能够同时学习多种字体风格是至关重要的。同时对多种字体风格建模有主要两方面好处：首先，编码器通过学习多种字体，其学习到的字体风格不局限于某一种目标字体，而且还包含所有字体的组合；其次，解码器也可以学习从其他字体中编写相同部首的不同方法。通过训练多种字体，zi2zi模型可以学习不同字体风格中的每一个字符，随之使用学习到的经验改善生成字符的效果。为了进一步提高字体生成的精确度，他们在模型训练中还加入领域特征不变性思想。因此，zi2zi模型生成的字符不会出现模糊到辨认不清的情况。

阿里巴巴与汉仪字库合作联手打造全球首款通过人工智能生成出的中文字体——阿里汉仪智能黑体字体（见图4.7）。该套字体最终包含6,763个字符。阿里汉仪智能黑体是基于阿里巴巴电商平台应用场景下产生的新分类字体——电商字体。作为第一款电商字体的代表，智能黑体具有对话性、普适性等特点。阿里巴巴与汉仪字库的合作研发团队首先选取400个字进行人工设计，将设计好的400个字传入到它们专门构建的生成对抗神经网络中进行学习，神经网络经过学习后自动生成剩下的6,000多个字符。下图为阿里汉仪智能黑体在电商广告中的应用案例。

图 4.7　阿里汉仪智能黑体在电商广告中的应用
（来源于汉仪官网宣传，hanyi. com. cn/newsdetails.php?id=156）

案例：基于姿势的图像生成

人体骨骼关键点检测（pose estimation），又称人体姿态估计，指通过检测图片中人体的一些关键点（如关节、五官等）并将其联系起来，从而对图片中人体的姿态进行估计。人体关键点通常对应人体的关节部位，比如颈、肩、肘、腕、腰、膝、踝等。人体关键点检测技术通过对人体关键点在三维空间相对位置的计算，来估计人体当前的姿态。若在此基础上增加时间序列，可以观察一段时间内人体关键点的位置变化，从而更加准确检测姿态，预测目标未来时刻姿态，以及进行更抽象的人体行为分析（例如，判断一个人是否在打电话）等。人体骨骼关键点检测是计算机视觉的基础性算法之一，在计算机视觉其他相关领域（如行为识别、人物跟踪、步态识别等领域）的研究中都起到了基础性作用。该技术的具体应用主要集中在智能视频监控、人机交互、虚拟现实、人体动画、智能家居、智能安防等。将人图像生成技术与人体骨骼关键点检测相结合，可生成符合人体骨骼关键点表示的姿势动作的人体图像。

基于姿势的图像生成可应用于时尚领域。在人工智能、增强现实、可穿戴设备等技术的加持下，时尚行业特别是在线时尚行业获得了飞速的发展。为了更好展现商品、吸引更多客户、为客户带来更佳的视觉体验，高清大图、模特多角度摆拍已经成为服装、箱包、鞋类、美妆等线上商家的宣传标配。在网上浏览服装类商品时，消费者都希望能够从多角度查看模特摆出不同姿势时服装呈现的状态。然而，越全面的摆拍照片意味的越大的投入成本。姿势引导的时尚图像生成模型（Ma et al., n.d.; Han et al., n.d.），可以基于模特当前姿势，生成出其他各种不同姿势下的相同着装的新图像，也可以基于同一个模特同一个姿势，生成出该姿势下不同着装的图像。研究人员的主要目的在于训练一个生成模型，将模特在当前姿势上的图像迁移到其他的目标姿势上去，实现对于衣着等商品的全面展示。

基于姿势的图像生成还可以用来实现人物视频的动作迁移（Chan et al., 2019）。当拥有一个动作源视频以及一个目标人物视频时，可通过一个端到端的生成网络，将动作源视频中的动作迁移到目标人物视频中。该动作迁移方法分为三部分。①姿态检测。在姿态检测阶段，通过预训练的姿态检测模型（openpose）从源视频中描绘给定帧的姿态图形。②全局姿态标准化。全局姿态标准化阶段，计算给定帧内源和目标人物身体形状和位置之间的差异，将源姿态图形转换到符合目标人物身体形状和位置的姿态图形。③从标准化后的姿态图形推断目标人物的图像。这一阶段使用一个生成式对抗模型，训练模型学习从标准化后的姿态图形推断到目标人物图像。上述方法可以对单张图片的动作进行迁移，通过生成连续帧的图像从而生成具有连续动作的视频。

4.3.2.2　无监督的图像翻译

虽然 Pix2pix 的效果令人惊叹，但它需要大量的成对训练数据。例如，想完成图像季节的转换，将图像从夏天的景象变成冬天的景象，就需要在训练阶段提供成对的数据：分别在冬季和夏季拍摄的两张场景完全相同的照片。然而，在实际任务中，批量化的配对数据常常难以获取。因此，需要一种新的学习方法，能够在没有配对示例的情况下学习如何将图像从源域转换到目标域。CycleGAN（Radford et al., 2015）和 DualGAN（Yi et al., 2017）解决了这一非监督域自适应问题。具体来说，这类模型具有两个生成器和两个判别器。生成器 G 将 X 字段的图像转换为 Y 域图像，而另一个生成器 F 将 Y 域图像转换为 X 域图像。两个判别器 D_x 和 D_y 和试图在两个域中区分真实图像和生成器生成的假图像。

基于上述监督和非监督的图像到图像翻译框架，衍生出许多有趣的图像翻译应用。这些应用可以有效地为智能内容生成提供服务。其中一个应用案例是面部老化预测（Yang et al., 2018），这是一个从美学角度渲染给定面部图像以呈现衰老效果的过程。另一个案例是会说话的头像（Zakharov et al., 2019）或换脸视频，这些方法致力于将一个人的动作视频移到另一个人的脸上，即便以静态肖像照片或油画为输入，也可以生成动态图像或连贯的视频。以上技术正应用于影视制作、娱乐应用程序、设计辅助工具等场景中。

案例：卡通头像生成

卡通头像在人们的娱乐与社交生活中广受欢迎。传统卡通人物头像是由专业美术人员手绘产生，需要经过构图、描边、上色等复杂步骤，不仅需要专业的绘画技能，还极其费时费力。通过计算机基于真实的人脸图像生成卡通头像，能够快速高效地为人们定制个

性化的卡通头像，为网络社交增添趣味性。例如，"脸萌"是一款近两年非常火爆的卡通图像生成软件，可以由用户自行选择五官并合成一张专属卡通头像。该软件一上线便成为人们生活中的热门话题，受到用户喜爱。

基于无监督图像翻译技术的卡通头像生成技术，通过真实人脸和卡通头像之间的一致性损失（consistency loss）指导网络训练，可以将真实人脸翻译成生动的卡通头像，也可以将卡通头像翻译成真实人脸。该技术的主要挑战在于，真实人脸和卡通头像的结构是属于两个不同的图像域，它们的外观差异很大，若没有明确的对应关系，很难生成具有人的基本面部特征的高质量卡通头像。

香港中文大学、哈尔滨工业大学和腾讯优图实验室联合研发了 Landmark Assisted CycleGAN（Wu et al., 2019），能够生成高质量的卡通人脸图像。该方法首先使用 CycleGAN 生成低质量的卡通人脸。然后，使用上一步生成的图像，预测面部的关键特征点，对面部的关键点进行标记。最后，通过局部和全局两种判别器，细化卡通头像中的人脸特征，生成高质量的卡通人脸图像。

4.3.3 图像增强

图像增强技术可从图像内容完整度、清晰度等角度有效改善当前图像的效果，使其能更好地应用于给定场景。基于生成模型的图像增强技术使用门槛低，不需要像 PhotoShop 等专业图像处理软件需要专业技能。

4.3.3.1 图像修复

图像修复是将图像中丢失或损坏的部分恢复的过程，是改善人工智能生成内容的重要方法之一。图像修复技术可用来修复损坏的文学艺术类作品、年久失修的老照片等。

图像修复的发展主要分为四个阶段：首先是基于扩散的修复；其次是

基于补丁的方法；然后是基于深度学习的逐像素生成；最后是基于修复的图像处理（见图 4.8）。基于扩散的方法（Bertalmio et al., 2000; Ballester et al., 2001）通过等光线方向场生成缺失的孔洞，但这类方法只适用于小孔或线条。基于补丁修复的方法（Efros & Freeman, 2001; He & Sun, 2014）根据局部图像特征从补丁数据集中复制补丁，从而在单次扫描中填补缝隙。这种方法通常可以很好地进行纹理修复，但对于真实场景的修复，效果不是很好。

图 4.8　图像修复的视觉效果（白色的部分是需要修复的内容）

基于深度学习的方法直接使用在大型数据集上训练的网络来推断图像已知部分中的缺失片段。例如，基于自动编码器的方法（Pathak et al., 2016）使用编码器编码内容图像，再使用解码器将编码解码到图像中的缺失区域。其除了使用像素级重建损失外，还引入了对抗性损失来提高修复质量。 通过优化判别器结构、拆分修复任务等方法，后续工作陆续提高了图像修复的稳定性和精确性。

最后一个重要方向是基于修复的图像编辑。例如，根据用户草图来完成图像修复，系统在用户输入草图的指导下生成缺失的部分（Yu et al., 2018）。此外，用户还可输入颜色提示，不仅可以用于控制生成的形状，还可用于控制生成的颜色（Jo & Park, 2019）。

4.3.3.2 超分辨率

单图像超分辨率（SISR）是智能内容生成过程中一个非常普遍的需求。随着生成内容的不断细化，相对于拍摄或创建新素材，调整分辨率以适应 AI 的需求是更有效的选择（见图 4.9）。其中最简单的是基于插值的方法。最常用的一种是双三次插值法（Keys, 1981），其简单快捷，但存在精度不足和模糊的问题。从低分辨率图像变换到高分辨率图像，需要在原始像素之间插入新的点，因此难免会导致图像过于平滑和视觉模糊。生成模型可以很好地解决这个问题，其一大特点是能够生成与原始数据分布相匹配的全新数据。该特性不仅保证了在 SISR 任务中新建像素之间的自然连接，而且增加了新的像素信息，以此使生成的图像不会过于平滑。对于低分辨率（LR）输入图像，可以有多个具有不同细节的高分辨率（HR）图像。同时，生成模型可以生成具有多样性的数据，在很大程度上丰富了生成的细节信息。总体而言，生成模型具有很强的生成能力，并非常适合于处理 SISR 问题。

 放大四倍  放大四倍

图 4.9　图像超分辨率案例

在所有基于深度学习的方法中，SRCNN（Yoon et al., 2015）是一个重要的基准。该方法简单明了，以高分辨率图像作为训练集，首先通过下采样降低分辨率，并获得相应的低分辨率图像；然后，将低分辨率图像发送到生成器网络，对其进行训练，以输出生成的高分辨率图像。优化的目标是最小化生成的高分辨率图像与原始高分辨率图像之间的误差。通过训练，最终的生成器网络将有能力将任何输入的低分辨率图像转换成高分辨率图像。基于 SRCNN，后续研究主要有两个方向：一是网络架构的改进，例如学习上采样模块或转置合并模块等；二是目标函数的改进，如增加对抗性训练，替换不同的误差函数，最小化生成高分辨率图像与原始高分辨率图像之间的误差。SISR 是最受欢迎的研究课题之一，各种研究方法层出不穷。有兴趣的读者可参考文献（Yang et al., 2019）。

4.3.4　图像风格迁移

风格是一个非常广泛的术语，涵盖了建筑、时尚、文学、音乐、艺术和许多其他领域。维基百科对风格的定义如下：风格是一种做事或呈现事物的方式。在与人工智能相关的研究中，风格一般是指绘画风格，包括但不限于绘画的体裁、笔触、画笔类型、质地、构图类型、色彩构成等。然而，即使只对于绘画风格来说，目前的风格计算方法仍然难以量化。描述风格最常见的形式化方法是与空间位置无关的统计信息。虽然这只是一种简化的量化风格的方法，但它仍然可以产生视觉上吸引人的效果。如何用美学知识对风格进行形式化是计算机视觉领域重要的研究课题之一。

在目前的风格形式化方法基础上，研究者们已经提出了各种风格计算的思想，比如使用 Gram 矩阵（Gatys et al., 2015）、均值 & 方差（Huang & Belongie, 2017a）、白化和颜色迁移（Li et al., 2017）、线性变换（Li et al., 2018）等。

早在 20 世纪 90 年代中期，许多学者就在研究如何利用计算机技术将照片自动转换成合成艺术品。在这些研究中，最突出的是非真实感渲染技术（non-photo realistic rendering, NPR）（Gooch & Gooch, 2001）。该方法把内容-风格迁移问题看作纹理生成的问题，它从一幅图像中提取纹理，然后依据另一幅图像的外观合成输出（见图 4.10）。

风格迁移的工作在 2001 年被提出，并被称为图像类比（Hertzmann et al., 2001）。该方法从风格图像中提取风格，然后根据内容图像的外观合成输出。通过构造一对未风格化和风格化的图像，然后使用类比变换来获得图像 x，它满足 Ac : As : : Bc : x。但是，用图像对构造数据集是很困难的。此外，单个类比约束并不能很好地捕获图像的结构和特征信息，因此风格迁移的效

图 4.10 风格迁移算法示例，用于将绘画风格转换到给定的照片，风格图片为文森特·梵高的《星空》

果并不令人满意。近年来，随着卷积神经网络（convolutional neural networks, CNN）的发展，神经风格迁移方法（neural style transfer）被提出（Gatys et al., 2015）。该方法使用 CNN 提取著名绘画作品的风格特征，然后将提取的风格特征与自然照片匹配以生成具有名画风格的图片。具体来说，他们将内容图和风格图输入到预先训练好的 CNN 模型中，例如 VGG-19 网络（Simonyan & Zisserman, 2014），捕获不同神经网络层上相应图像的特征表示。 接下来，将一张随机噪声图像输入 VGG-19 以计算其在不同网络层的特征表示。对于内容，要求生成的图像和内容图像在 VGG-19 高层特征图上保持一致。对于风格，要求生成的图像和风格图像在从低到高的多个特征层上保持统计信息的一致性。然后，通过更新模型参数，使得生成的图像满足内容和风格的两个约束，从而实现风格迁移效果。随着模型效率和泛化能力的不断提高，当前的风格迁移可以达到商业应用水平，出现了一系列娱乐软件和平台，如 Prisma、Ostagram 和 Deep Forger 等。

此外，风格迁移与其他领域的结合也产生了一系列相关研究成果，例如支持 VR/AR 的 3D 风格迁移（Chen et al., 2018）、视频风格迁移（Chan et al., 2019）、时尚风格迁移（Jiang & Fu, 2017）和语音风格迁移（Verma & Smith,

2018）。有关风格迁移的详细研究，建议有兴趣的读者参考文献（Jing et al., 2019）。

思　考

你认为以上生成模型分别能够用于设计辅助的哪些阶段？在生成式技术加入后，你认为 AI 和设计师的关系是怎样的？

扩展阅读：艺术画生成

创意对抗神经网络（creative adversarial networks，CAN）（Elgammal et al., 2017）能够创作出属于自己风格的艺术作品。人类在创作过程中会利用先前的艺术经验和艺术接触，即一个人在成为其所在领域的艺术家之前需要不断接触其他艺术家的作品以及其他各种各样形式的艺术，通过不断学习、积累、反思，最终形成自己的风格，自成一派。CAN 模型试图模拟这一过程。 CAN 模型基于生成式对抗神经网络结构，学习了 15 世纪到 20 世纪期间 1000 多位艺术家的艺术画作品，这些艺术画的风格包括抽象表现主义风格、行为绘画风格、分析型立体主义风格、巴洛克风格、立体主义风格等 25 种风格。通过学习，CAN 能够创作出既符合"艺术性"，又不属于这 25 种风格的任一种的艺术画作品。但是人类艺术家究竟是如何将过去的艺术知识与创造新艺术形式的能力结合在一起，这在很大程度上仍是未知的，需要一个理论过程来模拟如何将艺术的接触与艺术的创造结合起来。科琳·马丁代尔（Coline Martindale）用基于心理学的理论来解释艺术创作。他推测，在任何时候，创意艺术家都会尝试增加其唤醒潜力来对抗艺术习惯化。然而，这种增加必须是最小的，以避免观察者的负面反应（最小努力原则）。此外，当艺术家在风格角色中运用其他手段时，风格突破是增加艺术觉醒潜力的一种方式。CAN 模型受到 Martindale 最小努力原则和他对风格突破解释的启发。CAN 的目的就是生成不遵循既定的艺术风格的作品，试图产生最大程度上能够混淆人类观众的艺术作品，让人类无法确定其属于哪种风格。

4.4 实例：人机协同绘画系统

4.4.1 人机协同的绘画创作

平面设计、短视频、文创产品等领域的创意设计需求日益增大，需要百万乃至千万数量级素材库的支撑。基于深度学习的生成模型技术使得人工智能能够进行内容创造，高效高质地生成设计素材和设计方案，助力人类设计师。如何根据设定主题、参考图案等输入生成特定风格的图案、画作是将生成模型应用到设计领域的关键。

本节描述的系统根据用户绘制的草图来生成特定的画作。绘画是人们探索想法的重要过程。为了创作一幅满意的画作，艺术家需要组织并协调画作各部分元素，以表达想象和意图。此过程要求具备专业的知识和高超的绘画技法。因此，在机器与人合作绘画中，计算机不仅需要掌握特定类型画作的领域知识，还需要理解用户绘画输入的语义，从而为用户输出具有特定艺术风格的画作。

在理解用户输入方面，已有研究采用草图识别技术识别用户绘制的内容，并据此提供实时交互反馈。例如设计指导（Dixon et al., 2010）、相似草图推荐（Lee et al., 2011）和即兴反馈（Davis et al., 2016）等。另一类研究将用户输入增强为具有艺术美感的画作，例如，将名家作品风格迁移到普通照片上（Gatys et al., 2016），基于边缘检测图和离散颜色块生成图像（Liu et al., 2018）等。这些系统的用户可以轻易地从照片或者边缘检测图得到漂亮的画作。然而，这些方法难以处理多变的用户输入，限制了用户的创造与表达。

画作的语义和风格常常密不可分，画作中各物体的纹理、颜色等与其语义密切相关。本节介绍的 SmartPaint 系统支持人机合作创作动漫风格的风景画作。如图 4.11 所示，系统使用 7234 对动漫风景图像及其相应的语义标注图和边缘检测图训练一个生成式对抗神经网络。训练完成后，计算机能够同时理解风景图像各物体的语义和空间关系，以及动漫风格中独特的纹理和色彩。在训练网络时加入边缘检测图可以提升图像的生成质量。在使用过程中，用户只需绘制草图作为语义标注图，SmartPaint 即可根据草图语义自动得到合成边缘图。将用户绘制的草图和系统合成的边缘图作为输入传入到训练模型 GAN 中，系统就能在几秒内生成具有合适颜色和纹理的动漫风格画作。这种人机合作的绘画方式 使 SmartPaint 帮助绘画新手和专家更自由的表达创意想法、获得具有艺术感的画作。

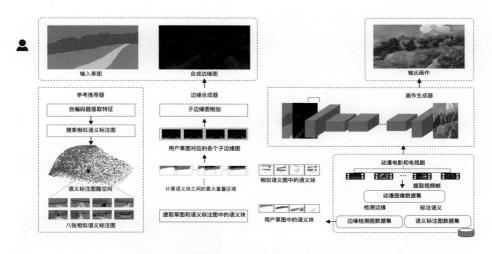

图 4.11　SmartPaint 系统框架

4.4.2　SmartPaint 系统概述

SmartPaint 通过三个功能模块来实现：画作生成器、边缘合成器和参考推荐器。

4.4.2.1　画作生成器

由一个条件生成式对抗神经网络组成，该网络由动漫图像和相应的语义标注图和边缘检测图训练获得。其中，语义标注图提供动漫图像每个区域的语义信息，边缘检测图提供每个区域物体的细节信息。结合这两者作为网络输入能够提升计算机生成画作的质量。

4.4.2.2　边缘合成器

为确保绘画任务简单，用户仅需使用不同颜色的画笔绘制草图作为语义标注图，边缘合成器将根据草图的语义自动合成相应的边缘图。用户绘制的草图和合成的边缘图将一起被输入到训练好的 GAN 中以生成画作。

4.4.2.3　参考推荐器

在创作过程中提供实时视觉反馈和指导能够激发用户创作灵感。给定任意草图输入，SmartPaint 实时返回数据库中 8 张与其最相似的语义标注图给用户作为绘画参考。图 4.12 展示系统主要界面，包括三个部分：绘画工具（区域 1）、人机共同绘画的画布（区域 2）和参考推荐显示（区域 3）。绘画工具区包含绘画应用中常见的工具，例如画笔。用户可以使用八种不同颜色的画笔分别绘制天空、山峦、树木、草地、河流、岩石、道路和房屋。系统包含两种模式：用于绘制和修改草图的绘画模式和展示生成结果的生成模式。若用户对生成的画作结果不满意，可返回绘画模式进行修改。

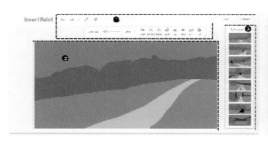

图 4.12　SmartPaint 系统界面和使用情况

4.4.3　SmartPaint 系统实现

4.4.3.1　画作生成器

训练数据　包含日式动漫图像及其对应的语义标注图和边缘检测图。所有图像均被裁减为 1024 × 512 像素大小。为了得到具有相似风格的动漫图像数据，从宫崎骏绘制的动漫电影或与其画风相似的动漫电影中提取视频帧。本章用到的动漫电影和连续剧列举在附录中。用于训练的图像数据仅限于风景图像，在数据清洗阶段剔除有人物或明显人造物的图像。为了标注动漫图像的语义，将数据中包含的物体类别分为九类：天空、山峦、树木、草地、河流、岩石、房屋、道路和其他。数据集中的每张图像都由人工标注，每种类别用不同的颜色进行标注。然后，使用 Canny 边缘检测算法（Canny,1986）提取每张动漫图像的边缘轮廓。最终的数据集包含 7，234 组数据，每组包含一张动漫图像，一张语义标注图和一张边缘检测图。

画作生成网络　基于 pix2pixHD 网络结构（Wang et al., 2018）。相对 pix2pix 框架，pix2pixHD 使用 $D1$、$D2$、和 $D3$ 三个鉴别器作用于不同图像尺寸，支持更高分辨率和更高精度的图像生成。Pix2pixHD 框架包含两个生成器网络，本章仅使用其中的全局生成网络用于训练画作生成网络。在本章任务中，生成器 G 的目标是将语义标注图和边缘检测图翻译成动漫图像，鉴别器 D 的目标是区分真实图像和翻译生成的图像。边缘检测图以 one-hot 向量的形式连接在语义标注图之后，输入到生成器网络中。Pix2pixHD 的损失函数包括对抗损失 L_{GAN} 和基于判别器的特征匹配损失 L_{FM}。已有研究表明（Güçlütürk et al., 2016），在损失函数中加入 VGG 感知损失 L_{con} 可以提高图像生成效果。同时，实验证明 VGG 感知损失有利于本文生成任务。最终，画作生成器网络的损失函数定义如下：

$$\min_{G} \left(\max_{D_1, D_2, D_3} \sum_{k=1,2,3} L_{GAN}(G, D_K) \right) + \lambda \left(\sum_{k=1,2,3} L_{FM}(G, D_K) + \sum_{k=1,2,3} L_{con}(G, D_K) \right)$$

其中，λ 控制损失函数子项的权重。画作生成网络在单张 GTX 1080 Ti GPU 上训练 200 轮，训练时间约为 1 周。

4.4.3.2　参考推荐器

根据用户绘制草图实时推荐相似的语义标注图，引导用户创作过程。实现该功能需要计算语义标注图的特征从而比较它们之间的相似性。由于草图的多样性，草图的底层特征（例如物体形状）无法准确代表草图语义。

为解决该问题，训练一个自编码器提取语义标注图的高层特征，用于比较语义标注图之间的相似性。自编码器使用多层卷积层提取语义标注图特征。为保证特征提取的速度和准确性，将语义标注图的大小压缩至 512×256 像素。所有语义标注图在传入自编码器之前被处理成单通道的灰度图。自编码器输出 4096 维的向量作为语义标注图特征。然后，使用主成分分析（principal component analysis, PCA）降维方法将 4096 维特征向量降维成 20 维特征向量，定义两个 20 维向量之间的欧几里得距离为两个语义标注图的差异度。用户任意绘制一笔，系统将当前草图传入训练好的自编码器中，并重复上述操作。该过程可获得到 8 张与用户当前绘制草图最相似的语义标注图。当用户绘制的草图没有填满整张画布时，系统将使用距离空白像素点最近的像素点颜色填充空白像素。

4.4.3.3　边缘合成器

合成边缘图需要考虑动漫线条特征、草图场景语义以及草图中每个物体的形状。训练好的画作生成器仅当输入的边缘图与训练数据具有相同线条特征时才能输出好结果。使用生成网络生成边缘图的方法无法满足该限制，因为生成的边缘图无法避免地存在边缘线条模糊和线条粗细不一等问题。另一种方案是根据用户草图搜索最相似的照片，使用照片的边缘检测图作为用户草图的边缘图。然而，不同于具有规律线条特征的动漫图像，照片的边缘线条曲线不够平滑和清晰（Chen et al., 2016）。因此，本书提出一种半参数化方法，使用数据集中的边缘图作为素材，为用户草图合成新的边缘图。这种方法还可以为处于不同场景中的物体合成不同的边缘。例如，用户可以使用"树"的笔刷在一个场景中绘制单棵大树，在另一场景中绘制成片森林，这两者应该具有不同的边缘图。使用参考推荐器，从数据集中获取与新绘制草图相似的八张语义标注图。合成过程具体如下：

第一，向边缘合成器输入用户草图、八张相似语义标注图和相应的边缘图。

第二，使用形状上下文算法（Belongie et al., 2001）分别提取用户草图 T_{label} 和八张相似语义图 S_{label} 的语义块。

第三，对于用户草图中的每个语义块 t，分别计算其与 ss 中每个语义块的最大重叠区域 moa_s。其中 ss 代表 S_{label} 的语义块集合，ss 中的每个语义块与 t 具有相同语义。

第四，选取 moa_s 中的最大值，s 对应的边缘图则用于计算语义块 t 的子边缘图。使用相同方法为用户草图中的每个语义块计算子边缘图，将这些子边缘图相加得到最终的边缘图。

4.4.4　人机协同创作的画作

邀请绘画专家与新手采用 SmartPaint 进行创作。用户自由绘画、按照文字描述绘画的结果如图 4.13 和图 4.14 所示。专家和新手都创作出具有创新场景的画作，例如，"海中梦幻岛"和"空中城堡"。及时的视觉反馈鼓励用户"快速尝试各种可能性"，并且"以极低的代价预览创意结果"。用户评价系统生成的画作是"梦幻的""和谐的""有层次感""像大师画作"。此外，用户表示 SmartPaint 常常返回一些没有预料到的结果，让人难以理解它的逻辑。对于这种不确定性，用户看法不一。有的用户认为不确定性的存在使与 SmartPaint 的合作是灵感碰撞的过程，并且能够激发他们的创作灵感；也有用户表示不可控性使他们常常无法创作出想要的效果。在 SmartPaint 生成结果的基础上，绘画专家也可进一步修改，生成高质量的专业画作，如图 4.15 所示。

相对于传统基于模版与规则的设计辅助工具，基于图像生成技术的创作系统支持个性化的绘画生成，使得任何用户都能创造独特的高质量作品。系统的快速生成能力，也为自动化创意设计提供了新的可能性，例如自动生成批量的创意图案素材、辅助设计师快速迭代设计过程等。但由于深度学习技术本身的不可解释性、不可控性等特点，系统与工具应该遵循一些设计准

图 4.13　用户与 SmartPaint 合作创作的画作，不设定主题

图 4.14　用户根据给定文字描述在 SmartPaint 系统中创作的画作

图 4.15　绘画专家和系统合作创作的画作。第一排：系统生成的原始画作。第二排：专家在 Photoshop 中优化后的画作。每幅画作的优化时间分别为（从左到右）:10 分钟、20 分钟、25 分钟、15 分钟和 15 分钟

则。第一，系统应该为人和计算机提供更多维度的交流渠道。人类合作时会通过肢体动作、草图、语言描述等多种方式表达自身想法。同样，在与计算机合作时，用户也倾向于使用多通道的方式表达想法。例如，用户希望通过绘制时笔触的轻重告知计算机生成纹理的密集程度。第二，计算机需要适应人的设计习惯。例如，用户的绘画习惯使他们在绘画过程中通常不会填满画布。人机协同的系统应该提供合适的交互方式，让用户能够以熟悉的表达习惯进行创作。

学习资源

若想要详细了解深度学习算法和生成式对抗神经网络相关内容，推荐阅读下列图书。

- *Deep Learning*, Lan Goodfellow, Yoshua Bengio, and Aaron Courville
- *Neural networks and Deep Learning*, Michael Niels
- *Grokking Deep Learning*, Andrew Trask
- *Fundamentals of Deep Learning*, Nikhil Buduma
- *Deep Learning with Python*, Francois Chollet
- *Neural Networks and Statistical Learning*, K.−L. Du and M.N.s. Swamy
- *Dive into Deep Learning*（《动手学习深度学习》），李沐
- 《机器学习》，周志华
- 《神经网络与深度学习》，复旦大学 邱锡鹏

参考文献

Ballester, C., Bertalmio, M., Caselles, V., et al. (2001). Filling-in by joint interpolation of vector fields and gray levels. IEEE Transactions on Image Processing, 10(8): 1200–1211.

Bertalmio, M., Sapiro, G., Caselles, V., et al. (2000). Image inpainting. Proceedings of the 27th Annual Conference on Computer Graphics and Interactive Techniques: New York, NY: 417–424.

Brock, A., Donahue, J., Simonyan, K. (2018). Large scale gan training for high fidelity natural image synthesis. ArXiv Preprint ArXiv: 1809. 11096.

Canny, J. (1986). A computational approach to edge detection. IEEE Transactions on Pattern Analysis and Machine Intelligence, 6: 679–698.

Chan, C., Ginosar, S., Zhou, T., et al. (2019). Everybody dance now. Proceedings of the IEEE International Conference on Computer Vision: Seoul, Korea, 5933–5942.

Chen, C., Lin, J., Liao, M., et al. (2016). Learning to detect salient curves of cartoon images based on composition rules. 2016 the 11th International Conference on Computer Science & Education (ICCSE): Nagoya, Japan, 808–813.

Chen, D., Yuan, L., Liao, J., et al. (2018). Stereoscopic neural style transfer. Proceedings of the IEEE Conference on Computer Vision and Pattern Recognition: Salt Lake Ctiy, Utah. 6654–6663.

Davis, N. M., Hsiao, C. P., Singh, K. Y., et al. (2016). Co-creative drawing agent with object recognition. The 12th Artificial Intelligence and Interactive Digital Entertainment Conference. 12(1): 9–15. Burlingame, CaliBornia, USA.

Dixon, D., Prasad, M., Hammond, T. (2010). iCanDraw: using sketch recognition and corrective feedback to assist a user in drawing human faces. Proceedings of the SIGCHI Conference on Human Factors in Computing Systems: Atlanta, Georgia. 897–906.

Donahue, J., Krähenbühl, P., Darrell, T. (2016). Adversarial feature learning. ArXiv Preprint ArXiv: 1605. 09782.

Dumoulin, V., Visin, F. (2016). A guide to convolution arithmetic for deep learning. ArXiv Preprint ArXiv: 1603. 07285.

Efros, A. A., Freeman, W. T. (2001). Image quilting for texture synthesis and transfer. Proceedings of the 28th Annual Conference on Computer Graphics and Interactive Techniques: 341–346.

Elgammal, A., Liu, B., Elhoseiny, M., et al. (2017). CAN: Creative Adversarial Networks, Generating "Art" by Learning About Styles and Deviating from Style Norms. ArXiv:1706.07068 [Cs]. http://arxiv.org/abs/1706.07068.

Gatys, L. A., Ecker, A. S., Bethge, M. (2015). A neural algorithm of artistic style. ArXiv Preprint ArXiv: 1508. 06576.

Gatys, L. A., Ecker, A. S., Bethge, M. (2016). Image style transfer using convolutional neural networks. Proceedings of the IEEE Conference on Computer Vision and Pattern Recognition: Las Vegas, Nevada, 2414 - 2423.

Gooch, B., Gooch, A. (2001). Non-photorealistic rendering. Natick, MA, USA: AK Peters/CRC Press.

Goodfellow, I., Pouget-Abadie, J., Mirza, M., et al. (2014). Generative adversarial nets. Advances in Neural Information Processing Systems (NeurIPS): Montreal Canada: 2672 - 2680.

Güçlütürk, Y., Güçlü, U., van Lier, R., et al. (2016). Convolutional sketch inversion. European Conference on Computer Vision: 810 - 824.

Han, X., Wu, Z., Wu, Z., et al. (2018). VITON: an image-based virtual try-on network. Proceeedings of the IEEE Conferene on Computer Vision and Pattern Recognition PP: 7543-7552.

He, K., Sun, J. (2014). Image completion approaches using the statistics of similar patches. IEEE Transactions on Pattern Analysis and Machine Intelligence, 36(12): 2423 - 2435.

Hertzmann, A., Jacobs, C. E., Oliver, N., et al. (2001). Image analogies. Proceedings of the 28th Annual Conference on Computer Graphics and Interactive Techniques: 327 - 340.

Hinton, G. E., Salakhutdinov, R. R. (2006). Reducing the dimensionality of data with neural networks. Science, 313(5786): 504 - 507.

Hong, Y., Hwang, U., Yoo, J., et al. (2019). How generative adversarial networks and their variants work: an overview. ACM Computing Surveys (CSUR), 52(1): 1 - 43.

Huang, X., Belongie, S. (2017a). Arbitrary style transfer in real-time with adaptive instance normalization. Proceedings of the IEEE International Conference on Computer Vision: 1501 - 1510.

Huang, X., Belongie, S. (2017b). Arbitrary style transfer in real-time with adaptive instance normalization. 2017 IEEE International Conference on Computer Vision (ICCV): 1510－1519. https://doi.org/10.1109/ICCV.2017.167.

Isola, P., Zhu, J.Y., Zhou, T., Efros, A. A. (2017). Image-to-image translation with conditional adversarial networks. 2017 IEEE Conference on Computer Vision and Pattern Recognition (CVPR): 5967－5976. https://doi.org/10.1109/CVPR.2017.632

Jiang, S., Fu, Y. (2017). Fashion Style Generator. IJCAI: 3721－3727.

Jing, Y., Yang, Y., Feng, Z., et al. (2019). Neural style transfer: a review. IEEE Transactions on Visualization and Computer Graphics. 26(11): 3365－3385.

Jo, Y., Park, J. (2019). SC-FEGAN: face editing generative adversarial network with user's sketch and color. Proceedings of the IEEE International Conference on Computer Vision: 1745－1753.

Johnson, J., Alahi, A., Fei-Fei, L. (2016). Perceptual losses for real-time style transfer and super-resolution. European Conference on Computer Vision: 694－711.

Karras, T., Laine, S., Aila, T. (2019). A style-based generator architecture for generative adversarial networks. Proceedings of the IEEE Conference on Computer Vision and Pattern Recognition: 4401－4410.

Keys, R. (1981). Cubic convolution interpolation for digital image processing. IEEE Transactions on Acoustics, Speech, and Signal Processing, 29(6): 1153－1160.

Krizhevsky, A., Hinton, G. (2009). Learning multiple layers of features from tiny images. Technical Report, Toronto, Ontario: University of Toronto.

Larsen, A. B. L., Sønderby, S. K., Larochelle, H., et al. (2016). Autoencoding beyond pixels using a learned similarity metric. Proceedings of the 33rd International Conference on International Conference on Machine Learning: 1558－1566.

LeCun, Y., Bottou, L., Bengio, Y., et al. (1998). Gradient-Based Learning Applied to Document Recognition. Proceedings of the IEEE, 86(11): 2278－2324.

Lee, Y. J., Zitnick, C. L., Cohen, M. F. (2011). Shadowdraw: real-time user guidance for freehand drawing. ACM Transactions on Graphics (TOG), 30(4): 1 - 10.

Li, X., Liu, S., Kautz, J., et al. (2018). Learning Linear Transformations for Fast Arbitrary Style Transfer. Proceedings of the IEEE Conference on Computer Vision and Pattern Recognition: 3809-3817.

Li, Yijun, Fang, C., Yang, J., et al. (2017). Universal style transfer via feature transforms. Advances in Neural Information Processing Systems: 386 - 396.

Li, Yitong, Gan, Z., Shen, Y., et al. (2019). StoryGAN: a sequential conditional GAN for story visualization. 2019 IEEE/CVF Conference on Computer Vision and Pattern Recognition (CVPR): 6322 - 6331. https://doi.org/10.1109/CVPR.2019.00649.

Liu, Y., Qin, Z., Wan, T., et al. (2018). Auto-painter: cartoon image generation from sketch by using conditional Wasserstein generative adversarial networks. Neurocomputing, 311: 78 - 87.

Mirza, M., Osindero, S. (2014). Conditional generative adversarial nets. ArXiv Preprint ArXiv:1411, 1784.

Odena, A., Olah, C., Shlens, J. (2017). Conditional image synthesis with auxiliary classifier GANs. International Conference on Machine Learning: 2642-2651.

Pathak, D., Krahenbuhl, P., Donahue, J., et al. (2016). Context encoders: feature learning by inpainting. Proceedings of the IEEE Conference on Computer Vision and Pattern Recognition: 2536 - 2544.

Radford, A., Metz, L., Chintala, S. (2015). Unsupervised representation learning with deep convolutional generative adversarial networks. International Conference on Learning Representation (ICLR). San Juan, Puerto Rico.

Reed, S., Akata, Z., Yan, X., et al. (2016). Generative adversarial text to image synthesis. The 33rd International Conference on Machine Learning, ICML 2016, 3:1681-1690.

Rumelhart, D., Hinton, G., Williams, R. (1986). Learning representations by back-propagation errors. Nature, 323: 533−536.

Simonyan, K., Zisserman, A. (2014). Very deep convolutional networks for large-scale image recognition. ArXiv Preprint ArXiv: 1409. 1556.

Verma, P., Smith, J. O. (2018). Neural style transfer for audio spectograms. ArXiv Preprint ArXiv: 1801. 01589.

Wang, T.C., Liu, M.Y., Zhu, J.Y., et al. (2018). High-resolution image synthesis and semantic manipulation with conditional gans. Proceedings of the IEEE Conference on Computer Vision and Pattern Recognition: 8798 – 8807.

Wu, R., Gu, X., Tao, X., et al. (2019). Landmark Assisted CycleGAN for Cartoon Face Generation. ArXiv: 1907. 01424 [Cs]. http://arxiv.org/abs/1907.01424.

Xu, T., Zhang, P., Huang, Q., et al. (2018). Attngan: Fine-grained text to image generation with attentional generative adversarial networks. Proceedings of the IEEE Conference on Computer Vision and Pattern Recognition: 1316 – 1324.

Yang, H., Huang, D., Wang, Y., et al. (2018). Learning face age progression: a pyramid architecture of gans. Proceedings of the IEEE Conference on Computer Vision and Pattern Recognition: 31 – 39.

Yang, W., Zhang, X., Tian, Y., et al. (2019). Deep learning for single image super-resolution: a brief review. IEEE Transactions on Multimedia, 21(12): 3106 – 3121.

Yi, Z., Zhang, H., Tan, P., et al. (2017). Dualgan: Unsupervised dual learning for image-to-image translation. Proceedings of the IEEE International Conference on Computer Vision: 2849 – 2857.

Yoon, Y., Jeon, H.G., Yoo, D., et al. (2015). Learning a deep convolutional network for light-field image super-resolution. Proceedings of the IEEE International Conference on Computer Vision Workshops: 24 – 32.

Yu, J., Lin, Z., Yang, J., et al. (2018). Generative image inpainting with contextual attention. Proceedings of the IEEE Conference on Computer Vision and Pattern Recognition: 5505 – 5514.

Zakharov, E., Shysheya, A., Burkov, E., et al. (2019). Few-shot adversarial learning of realistic neural talking head models. Proceedings of the IEEE International Conference on Computer Vision: 9459 – 9468.

Zhang, R., Isola, P., Efros, A. A. (2016). Colorful image colorization. European Conference on Computer Vision: 649 – 666.

第5章

人工智能与设计实践

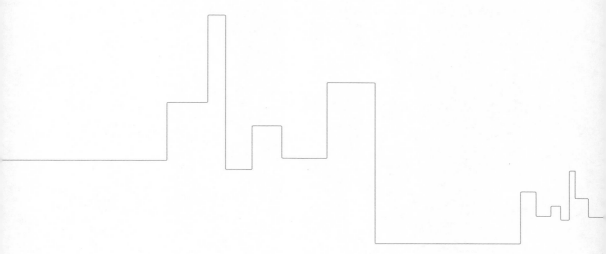

　　YouTube 是 Google 旗下开放的视频分享平台，每月登录用户数量超过 19 亿人，每日用户观看视频时长达到 10 亿小时，视频内容来自 91 个国家和地区，涉及 80 多种语言。YouTube 的广告采用 "按效果付费" 模式：只有当用户观看广告超过一定时长，或者用户主动点击广告观看，YouTube 才会向广告主收费，且用户随时可以选择跳过广告（见图 5.1）。著名广告人霍华德·拉克·哥萨奇曾说过："事实上，没有人喜欢看广告。人们只喜欢看自己感兴趣的事情，而有时候这个事情恰好是一个广告。" 因此，研究用户、设计并投放用户感兴趣的广告是 YouTube 的核心工作之一。

　　利用机器学习与人工智能技术，YouTube 实现了用户需求分析–广告设计制作–效果反馈的循环。一方面，YouTube 利用机器学习技术分析用户的需求与兴趣，建立用户画像。另一方面，Youtube 提供一系列的广告设计与制作工具，帮助创作者快速地制作广告，针对性地投放给用户。在广告播出后，Youtube 将呈现相关指标，例如广告被用户完整观看的次数、广告最常在第几秒被跳过等，以支持创作者快速、精准地优化广告。

图 5.1　YouTube 的可跳过贴片广告（图片来源：YouTube 官方网站）

Youtube 在广告制作和广告投放领域的工作展示了人工智能对设计过程的影响和改变。在用户研究阶段，人工智能使设计师能够从海量数据中洞察用户，支持设计师精准触达每个真实的用户，大规模地获取用户的个性化需求，从而提供智能化与个性化的定制服务。在设计生产阶段，人工智能支持的半自动或全自动设计工具能够将设计师从烦琐、机械化的工作中解放出来，提高设计效率、提升设计师的创造力，从而大规模地生成设计方案。

本章介绍了人工智能赋能下设计实践所发生的变革及其发展现状，重点描述了当前人工智能对设计流程的支持和启发，并以自动化短视频剪辑为例详细说明。

5.1 设计实践概述

设计依赖于设计师的主观感受与经验。设计师分析、观察目标人群，基于经验定义用户需求，给出解决方案。这种基于经验的"共情""共感"要求设计师设身处地地感知、把握用户的情绪与需求。典型如日本设计大师的作品，如图 5.2 所示，深泽直人、佐藤大等人设计的无印良品 CD 播放器、凹槽伞把、带伞套的雨伞 cover-brella 等，发掘了用户自身都很难意识的需求（见图 5.2）。基于主观感受和设计经验的设计实践极大地依赖设计师的设计能力，产出的设计方案通常个性鲜明、极具特色。但此种设计实践也有不确定性、主观性等缺点。

计算机软件与技术为设计提供了方法、工具与数据支持。Photoshop、CAD、Rhino 等软件改变了设计师的设计方式。eBay 曾采用 AB 测试确定网站中合适的商品图像大小。他们在同一网页布局中采用不同尺寸大小的商品图像，分别呈现给不同的用户，根据用户的反馈来确定采用的设计方案。AB测试指为同一个目标制定两个方案（比如两个页面），让一部分用户使用 A方案，另一部分用户使用 B 方案，记录下两组用户的使用情况，从而比较哪个方案更符合设计目标。

AB 测试展示了通过计算机技术支持设计和改进的可行性。以 AB 测试

图 5.2　无印良品 CD 播放器与 cover-brella（图片来源：无印良品官方网站）

为代表的计算机技术支持的设计实践方法针对性强、准确性高，拓展了接触用户的广度，可支持产品与服务的快速迭代。与此同时，也存在数据维度受限，难以得到洞察性结论等问题。

　　人工智能支持的设计实践可支持设计师触达立体、真实的用户，提供设计方案，实现良好的用户体验。例如，为了解用户，可在用户的使用过程中采集行为与交互数据，并通过摄像头、传感器等推测用户情绪，综合分析用户的心理状态，给出实时反馈。以眼动为例，传统眼动研究需要使用专业眼动设备，导致使用场景受限、覆盖的用户范围窄。一方面，人工智能普及了眼动追踪技术：通过构建眼动追踪数据集，开发适用于手机、平板电脑等设备的眼动追踪软件，以此扩展数据收集的场景。另一方面，人工智能增强了眼动预测模型的准确性，建立了眼动数据的预测模型。例如，Eyequant 支持分析设计方案的视觉注意力、清晰度、情感影响等，预测用户对网页的反应，从而针对性地进行设计优化（见图 5.3）。

　　类似地，由于人工智能可实时计算用户的体验，因此用户的整段经历、而非特定操作成为用户研究的关注对象。用户的体验从一个值变为一段曲线，并受到产品所处场景、环境、产品间关系等多个因素的影响；这种体验随用户的经历和行为实时地发生改变。以用户经历为中心的思想大大地扩展了设计师所要考虑的因素。

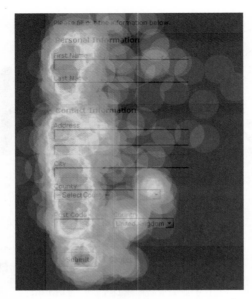

图 5.3　利用眼动追踪技术实时监测用户浏览网站时的注意力情况（图片来源：Etre 官网）

5.2　智能设计实践

5.2.1　需求分析

用户需求分析是设计人员用来分析潜在用户的需求和偏好的工具。成功的设计和创意作品基于对用户需求和要求的理解（Maguire & Bevan, 2002）。

用户画像是应用于用户需求分析的主要工具，多由设计师创建。设计师收集用户数据，在分析过程中形成用户画像，并通过访谈、观察、焦点小组和现场研究等方法进行完善（Matthews et al., 2012）。近年来随着数据收集方法的进步，使用人工智能方法处理海量用户数据，自动化生成用户画像、进行用户需求分析成为趋势。

自动化的用户画像生成（automatic persona generation, APG）通常适用于从在线社交媒体或内容平台上收集用户数据，并通过数据分析工具来进行用户画像研究，即从数据中提取角色（见图 5.4）。例如，YouTube 利用社交媒体数据总结人们的偏好，生成用户画像（An & Jansen, 2017）；或从在线社交媒体和内容平台收集其偏好数据，提取用户需求（Jansen et al., 2017; Salminen et al., 2017）。分析在线数据从而自动生成用户画像的系统和方法具有广泛应用价值，对于使用在线内容和用户数据进行设计和内容创新的人员来说尤其如此。

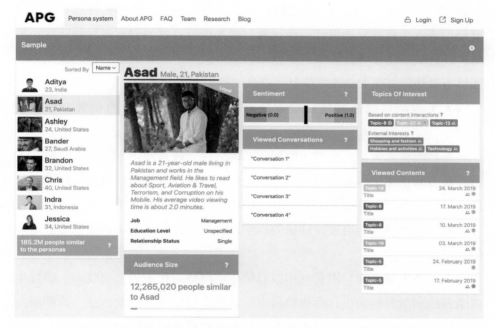

图 5.4　在线 APG 系统生成的用户画像（图片来源：https://persona.qcri.org/）

生成模型（Goodfellow et al., 2014）是另一类获取用户数据的智能方法，通过学习社交网络上大量用户的复杂偏好，可自动生成全新的潜在用户画像。典型的研究包括 IRGAN（J. Wang et al., 2017）和 RecGAN（Bharadhwaj et al., 2018），这些研究利用生成模型学习现有用户行为数据，预测了用户行为等信息。

智能化的用户画像生成方法仍有探索空间。一方面，设计智能领域中的数据源复杂多样，设计人员需要分析文本、视觉、听觉、体态，甚至是 VR 或 AR 数据，如何利用跨媒体智能方法（Yang et al., 2008）从各类数据中提取、融合有效信息以获得精准的用户画像仍旧是未解决的研究难题。另一方面，评估用户画像有效性的常用方法仍局限于案例研究（Salminen et al.,

2018; 2019），如何更好地评价、计算用户画像的价值也仍需要进一步探索。

5.2.2 创意激发

创意激发是在设计流程的早期用以发掘潜在创意的集体活动（Hartson & Pyla, 2012）。这一过程为后续的设计提供了早期创意、基本构件和材料，因此要形成一个高质量的设计，设计参与者先进行有效的创意激发是非常必要的。设计刺激是设计流程中的灵感来源之一，基于设计刺激的创意激发方法能够为设计师提供大量外部信息，以启发其产生新创意。

人工智能可以通过辅助检索现有的刺激，或生成新的刺激来帮助设计师。

在刺激检索方面，常基于数据驱动的方法，或是使用不同的检索算法来分析现有知识库，再通过分类、筛选、组合、类比等方法获得具有启发性的刺激材料。典型应用如（Hao et al., 2019）采用进化计算的方法对上万个授权专利和工业产品进行启发性词语的检索，将启发性最高的词语筛选出来呈现给设计师。

在刺激生成方面，则是利用以对抗生成网络为代表的生成技术，通过生成全新的刺激材料为设计师提供启发，目前主要以视觉刺激为主。典型研究如（Chen et al., 2019）通过机器学习模型来挖掘不同知识领域间的潜在知识联系，再基于生成对抗网络建立视觉概念组合模型，根据多个具有潜在关联的概念语义，生成相应的视觉刺激。目前，在刺激生成方面的研究还较少，但随着生成技术的发展，例如文本到图像的生成、图像自动上色、图像风格迁移等，在未来这些技术都能够运用到创意激发中，为设计师提供更多的设计刺激，提高创意激发的效率。

5.2.3 原型设计

原型，是指能够部分或全部反映最终产品特性的产品近似品，它能够直观地展示产品的形态与功能。原型设计是一个需要历经多次迭代，从低保真到高保真的制作过程，一般可包括草绘、线框图、界面原型、功能原型、实物原型等阶段。

视觉 UI（user interface）的原型生成是设计智能的典型应用。目前，这方面工作主要研究如何自动生成具有不同保真度的原型，以替代设计师完成一些低创造性、高重复性的设计任务。相关研究包括基于文本的原型生成、基于案例的原型生成和基于概念的原型生成等方向。

基于设计师的文本描述从而自动生成相应的草图原型或界面原型，能够有效降低设计师在原型阶段的工作量。典型应用如设计软件 Figma 近期推出的快速生成界面原型的新功能，用户只需输入一段有关某个 UI 界面的描述性文字，Figma 便可快速生成对应的可编辑界面原型。目前，这方面的应用研究仍处于起步阶段，与其相关的研究领域还集中在文本语义分析、文本到图片的生成等方面。

设计案例能够有效支持设计师的创意过程（Herring et al., 2009）。基于 UI 设计案例从而自动生成对应的 UI 元素及其布局信息，能够支持设计师快速尝试不同的布局方式，而无须重复构建界面。例如（Pandian et al., 2020）通过采用深度学习的方法来识别 UI 截图中 UI 元素的种类、位置和尺寸大小等语义信息，并基于格式塔原则还原案例中的布局信息。这类研究和 UI 逆向工程具有密切的联系。

从低保真到高保真的原型制作过程通常会耗费设计师大量的时间和精力，而人工智能使得这个过程逐渐变得简单而高效。通过提取低保真原型中的语义概念，实现自动生成具有更高保真度的原型，将能够有效地支持设计师快速探索各类设计方案。典型应用如微软 AI Lab 推出的 Sketch2Code 平台，该平台可以将用户的手绘草图实时地转换为 UI 原型对应的 HTML 代码，其核心转换过程可分为四步：面向草图的 UI 元素识别与匹配、手写文本识别、UI 布局生成以及 HTML 代码生成。

5.2.4　评价优化

设计评价的目的是衡量设计结果的质量好坏，人工智能主导的设计评价可能为设计师提供更加客观而有效的参考建议。美学和功能是两个非常重要的设计评价准则（Han et al., 2019），目前人工智能在设计评价任务中的应用研究主要面向前者，相关研究领域主要是计算美学。

计算美学主要研究如何让计算机模拟人类思维对视觉表达进行美学评估，即自动计算不同类型视觉内容的美感程度，例如图像、GUI、LOGO、服装等。

传统的美学计算主要采用基于人工设计特征的方法，这是一种模仿人类专家实现美学评价的形式，通过设计合适的美学特征（如色彩模板、纹理和色矩等）对图像的不同方面进行建模，再基于分类、回归等方法预测得到图像的美学值。这类方法具有良好的可解释性，但通常由于无法描述全部美学特征而导致准确度受限。相比之下，基于深度学习的美学计算方法具有更好的预测效果。由于该方法采取从图像中自动提取美学特征的形式，因此无需专业人员来针对不同类型的视觉内容设计相应的美学特征，只需提供对应类型的数据集即可，但这类方法的主要问题在于其预测结果缺乏可解释性。

目前，计算美学的进一步应用大多集中在图像自动裁剪、图像自动筛选、图像摘要生成等图像编辑领域。有关计算美学支持设计过程方面的应用研究还较少，主要集中于对 GUI 和 LOGO 设计的美学评价。

5.3 设计实践应用

5.3.1 智能辅助设计工具

人工智能应用于设计中，有望高效、优质、批量地生产出满足用户个性需求的产品。辅助设计工具实现特定设计功能，帮助用户通过简单操作高效、快速的产出设计作品。为了提供更加专业的服务，这些辅助设计工具往往会专注于某一特定设计领域，如海报设计、字体设计等。

对于常见的设计任务，业界往往会有一套成熟的解决方案。将这些解决方法规则化、程序化，即可得到设计模板。用户可以手动选择自己喜欢的模板，计算机也可根据用户的输入动态匹配合适的模板、生成设计方案。Adobe Spark Post 是由 Adobe 公司推出的海报制作工具（见图 5.5）。该工具提供了很多轻量的设计元素、图片素材、字体和海报布局等。用户只需通过简单的选择与拖动操作，即可实现对海报布局、色彩的调整与优化。同时，用户也可以根据自己的喜好，调整海报细节，生成灵活多样的设计结果。

图 5.5　Adobe Spark Post（图片来源：Adobe 官方网站）

案例：大众MQB模块化生产平台[1]

大众集团于 2012 年 2 月 1 日在德国沃尔夫斯堡发布了全新研发的横置发动机模块化平台（Modular Querbaukasten, MQB）。MQB 平台的推出，给业界带来了深远影响，成为横置发动机车型研发制造模式的转折点。MQB 将大量的汽车零部件实现标准化，令它们可以在不同品牌和不同级别的车型中实现共享，从而缩减研发和制造成本；与此同时，也为新技术的应用创造了条件。简单来说：MQB 平台是一种高效的生产方式，通过模块化的应用，降低设计制造成本，但通过更高级别\车型科技配置的引入，实现了新车的溢价。MQB 平台从 A0 级小型车到 B 级车实现了全面覆盖，例如

---

[1]　案例来自 2012 年新浪汽车官网（ http://auto.sina.com.cn/car/2012-02-03/0723910288.shtml ），原题为 "大众集团发布 MQB 平台 将衍生 60 余款新车"。

在大众品牌下，Polo、甲壳虫、高尔夫、尚酷、捷达、途观、夏朗、帕萨特和CC都将是基于MQB平台的产品。从理论上来说，这些车型将来都可以实现共线生产，尽管它们拥有不同的轴距和轮距，甚至不同品牌的MQB车型都可以共线生产。在发动机模块位置固定的基础上，MQB平台可对轴距，轮距、车身尺寸等参数进行变化（见图5.6）。像前悬（车头到前轴的长度）、前轮距、后轮距、轴距、后悬等都是可以调整的。

图 5.6　MQB 平台地盘尺寸调整图示（图片来源：Autoevolution 官方网站）

　　MQB 平台的重要特征之一是所有发动机都将采用相同的支承位置。出自 MQB 同一模块平台的产品，可以共享同样规格的发动机、变速箱及空调等总成，共享比例大约达到整车零部件的 60%。模块化战略会给产品的生产、投资等带来优势，增加协同效应。简单而言，模块化生产第一是降低成本，第二是方便进行造型设计的改进。模块化的开发，不仅可以共享部分整车零部件，同时还可在外形和轴距等方面根据产品需求进行不同的定制，以达到跨级别生产的目的。

　　除模板外，也可把工业产品的设计要素表达为函数变量，通过改变函数或者变量实现产品的设计与修改。以 AutoCAD、Catia、Grasshopper 等为代表的参数化设计软件显著提升了企业的生产效率。Grasshopper（GH）是参数化设计领域的主流软件之一（见图 5.7）。与传统设计方法相比，GH 有两个特点：一是可以输入指令，使计算机根据拟定的算法自动生成结果，算法结果包括模型、视频流媒体及可视化方案等；二是通过程序替代机械性的重复操作及演化过程，并可以修改参数调整方案。

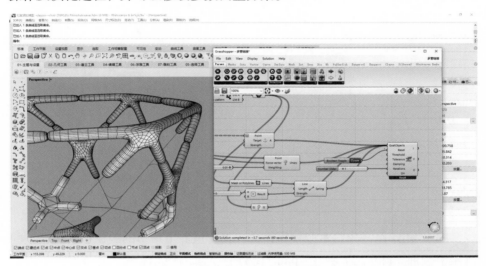

图 5.7　使用 Grasshopper 进行参数化设计

5.3.2　设计方案生成平台

　　人工智能也可直接生成内容或设计方案。2014 年，美联社开始全面利用机器人 Wordsmith 实现读者内容的生产定制。Wordsmith 仅需 0.3 秒就可以撰写、发布上市公司盈利报道，还能定制多种语言风格。在 2015 年 9 月，腾讯财经推出了自动化新闻写稿机器人 Dreamwriter。该机器人可以在算法的帮助下第一时间自动生成稿件，瞬时输出分析和研判，并在一分钟内将重要资讯和解读送达用户。

　　在平面设计领域，典型案例如阿里巴巴的"鹿班"AI 设计系统（见图 5.8）。

这个图像智能设计平台在 2017 年双 11 期间制作了近十亿张海报。在这些广告图像的生成过程中，系统会挖掘产品特征与用户喜好之间的关联，组织广告内容、布局形式与色彩搭配，生成千人千面的广告。类似地，红领集团的西装大规模定制系统实现了"在工业流水线上生产个性化定制产品"的目标，结合云制造、互联网、大数据等技术提供大规模、柔性化、低成本的个性化定制服务。

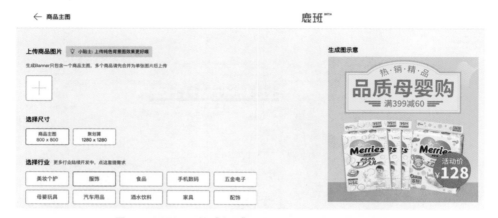

图 5.8　阿里巴巴的"鹿班"AI 设计系统（图片来源：鹿班官方网站）

Paris Miki 是一家日本眼镜零售商，拥有世界上最多的眼镜店，是典型的协作定制商（Gilmore & Ⅱ , Pine, 1997）。Paris Miki 认为，消费者很少有专业知识来确定哪种眼镜设计最适合他们的面部结构，也无法对眼镜的外观和配色给出准确的表述。公司开发了一套眼镜个性定制化系统，客户在使用该系统的过程中，不需要录入大量信息或进行大量选择，只需要向系统提供脸部照片和关于眼镜外观的陈述即可。系统根据照片分析其面部属性，结合用户陈述推荐一个眼镜尺寸和基本形状的建议；用户可以进行虚拟试戴。接下来，配镜师会和用户合作调整镜架、镜片的形状、尺寸和颜色等。最终，系统根据调整结果给出效果图供用户参考。在双方确认所有细节后，技术人员会研磨镜片，并在一个小时内完成眼镜组装。

案例：红领西装定制[1]

　　红领集团的西装大规模定制系统是一个数据驱动的个性化定制产业链，实现了"在工业流水线上生产个性化定制产品"的目标。

　　红领能根据每个人不同的身形进行专属的量身定制，7 天内完成订单，随即交付给消费者，不会产生库存。顾客可以在平台上自主设计，自主选择自己想要的款式、面料、裁剪、纽扣的样式和数量、刺绣的内容，甚至每一处缝衣线的颜色和缝法，进行真正意义上的个性化定制。通过款式数据和工艺数据囊括了几乎全部的设计流行元素，能满足超过百万亿种设计组合，覆盖 99.9% 的个性化设计需求。其流水线定制生产的流程如图 5.9 所示。

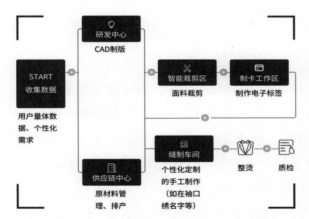

图 5.9　红领流水线生产定制西装的流程
（图片来源：第一财经周刊官方网站）

　　如今，一件定制西装是这样经过流水线被制成的。客户的量体数据首先传输到打版部门。打版，就是在一张纸上把袖子、领子等的形状都画出来，相当于做一个模具，批量生产同一尺寸规格的衣服，无论订单量再大，哪怕一批货要做上万件，一款衣服只需打版一次。然而量体裁衣服务，意味着要为每一个客户单独做一个模具。

---

[1]　本例来自：张鑫. 红领"定制"生意的魔幻与现实 [J]. 第一财经周刊，2017 年第 7 期。

手工打版模式下，一个打版师傅一天最多只能为两套衣服制版，而在红领的大数据中心，工人从获取客户的量体数据到完成打版，只需要20秒。因为保留了每个客户量体的历史数据，所以红领可以此为基础，形成了一个不断丰富的版型数据库。新订单的量体尺寸送到工厂后，打版工人只需要将新数据拿到版型库里匹配，就可获得适合的版型方案。可以说，这个版型数据库，正是红领能做到个性化批量定制的基础，也是它的核心竞争力之一。

版型确定后，关于所需面料的数据也会自动生成，随后供应链中心将以小时为单位，制订排产计划。布料在完成裁剪之后，会通过天花板上的吊挂系统，在不同的工位流转，直到制成一件西装成品。

5.3.3 情感体验计算服务

传统用户研究方法都是设计师通过模拟或抽样目标用户，构建扁平的、主观的用户画像；而以体验计算为代表的新技术则可以支持系统实时计算每个用户的交互体验，支持设计师触达每个立体的、真实的用户。

情感体验计算是指依靠计算机技术，计算推测用户在一段经历中的情感状态。情感体验计算支持设计师对用户进行深入挖掘，更好地改进产品的功能、形态。人工智能可支持实时的情感状态分析。例如，在线下的零售场景中，当用户进入无人店操作点单时，摄像头可识别用户身份，并根据用户的面部表情、肢体语言、语音情绪等判断情感状态，从而预测用户的购买意图并及时向用户提供帮助。在这种场景下，用户情绪变化的出现顺序、情绪反应的时长、情绪反应的出现时刻都包含了丰富的信息，可综合考虑交互内容、时段、对象等因素推测、计算用户购买过程中的情绪，给出合适的反馈（见图5.10）。

图 5.10　新零售中的情感体验计算与实时反馈
（Alibaba-ZJU IDEA Lab 合作项目）

用户与产品交互过程中的情绪会发生变化和转移。可根据用户情绪的持续时间与效价变化区分情绪转移的规律（见图 5.11）。

例如，从持续时间上，可分为两类。

·时长维持型情绪，即当前情绪更倾向保持不变，持续时间长。如愉悦、逗乐等正向情绪，被试往往能维持 3 秒以上的愉悦表情，并随时间慢慢减弱。

·时长短暂型情绪，即当前情绪更倾向快速结束，或转换为其他情绪，持续时间不长。如惊诧、惊讶情绪，用户往往经过短暂的惊诧、惊讶后，便恢复平静，或转惊为喜或恶。

从情绪效价转移的角度，可分为两类。

·效价维持型情绪，即当前情绪不容易发生转化，或容易转化为邻近的同向情绪。如厌恶情绪，不容易转化为其他情绪，总是维持相同情绪直至结束；或如愉悦、逗乐等类型情绪之间的转化。

·效价转化型情绪，即当前情绪容易发生转化，且可能转化为效价相反的情绪。如好奇、困惑情绪，用户往往因恍然大悟而由困惑转为逗乐，或是因始终不明白而由好奇转为厌恶。

在实际应用中，情感体验计算可分为目标定义、关键情绪筛选、情绪监

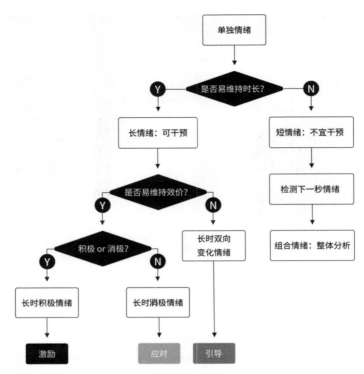

图 5.11　情感干预的策略（图片来源：情感知识卡片）

测、反馈干预四个环节。

• 目标定义。情感体验计算有两类典型的目标：整体反馈与实时干预。整体反馈指根据用户一段时间的情感体验予以反馈，例如补偿体验较差的用户。实时干预是指实时干预用户情绪，例如根据用户实时情绪提供帮助、引导。情感体验计算的目标既可以是单独的整体反馈或实时干预，也可以兼具两种需求。

• 关键情绪筛选。首先选择并建立场景相关的情感状态描述词库，随后根据前人研究、场景特征、情绪的相似度等因素，筛选场景中的关键情感状态。

• 情绪监测。采用表情识别等算法识别用户的瞬时情绪，并统计用户在体验中的情绪转移规律。考虑到不同阶段用户的情绪转移状况存在差异，可采用概率转移矩阵进行估计和预测。

· 反馈干预。可根据不同目的，确定是维持当前情绪、增强当前情绪，或是改变当前情绪。增强的方式包括共情、肯定、赞许等，改变的方式包括激励、引导、补偿等。值得注意的是，需根据情绪维持时长与效价转移的难度选择合适的干预措施。

5.4 实例：短视频自动编辑系统

5.4.1 电商短视频特征

本节将时长在 5 分钟以内，以移动互联网新媒体为传播平台的视频称为短视频。短视频相对于电影、节目、故事短片等视频来说，时间短、具备可快速进入与离开的优点，适合碎片时间在移动设备上进行观看。短视频主题多样，内容新颖且独立完整，内容通常贴近群众，容易引起大众的共鸣，促进视频分享与宣传。

短视频的特性决定了它更新快、传播快，非常适合现下年轻人快节奏的生活方式，能够直接带动消费。短视频消费主要体现在两个方面：一个是金钱的直接消费，另一个是时间消费。金钱消费主要有直接的内容付费和为内容中的产品付费两种。时间消费指观看短视频花费的时间，时间越长，说明用户对创作者或内容的认同感越高，这些认同很容易产生经济价值，比如产品广告的软植入、IP 粉丝转品牌粉丝、课程推广等。

相比图片、文字等表达方式，短视频的信息传达效率更高，内容更加准确、全面。如图 5.12 所示，通过视频展示，用户可以得到对产品信息或品牌特质更直观、更沉浸

图 5.12 淘宝平台短视频页面示例

的认知。因此，将短视频应用于产品的促销、营销等活动中，能够有效地刺激用户的购买欲望，增加消费。例如，商家想要表达睡衣的舒适性，若采用图片展示，则只能表现材质的部分细节图，而在视频展示中，消费者可以从模特触摸睡衣的动作、模特放松的行为，甚至是通过云朵这类象征性的元素感受到材质的特性。另外，分享、资讯类的短视频，名人、网红的宣传，都是带动消费的有效手段。

淘宝网作为中国深受欢迎的网购零售平台，拥有近 5 亿的注册用户数，每天有超过 6000 万的固定访客，在线商品数已经超过了 8 亿件，平均每分钟售出 4.8 万件商品。在过去，淘宝网上的广告一直是以图文形式为主的。如今，淘宝在首页上加入了淘宝直播、哇哦视频、淘宝头条等视频内容，以此将用户引导至商品界面。短视频已成为电商平台中有力的产品营销手段。然而，这种大批量的短视频生产需求通常难以依靠人力完成，急需计算机技术的介入与支持，以提高短视频的设计生产效率。

5.4.2 短视频的剪辑技术

目前，广告短视频的自动编辑技术可分为视频自动剪辑、视频自动裁剪和视频自动生成三类。

视频自动剪辑是对不同视频序列进行剪切，然后按照一定的规则拼接的编辑方法（见图 5.13）。编辑者通过将内容画面前后排布，产生不同于画面单独呈现信息的故事与逻辑；通过不同视觉强度的组合，产生视觉节奏感。视频剪辑考虑的要素繁多，风格变化也很丰富，难以用统一标准衡量。大部分自动剪辑方法按照视频表达需求或相似范例获得各要素的控制规则，以此来指导视频的剪辑。目前的研究主要是总结传统的剪辑技法原则，让计算机实现特定风格的视频剪辑。

视频自动裁剪，是指根据用户注意焦点或视频表达需求对已有视频的画面重新裁剪，以此生产多个播放尺寸或不同表现重点的视频。例如，可通过眼动数据来预测大部分用户的视觉焦点，并根据视频的视觉焦点对视频进行自动的裁切、平移、缩放操作。在视频中，用户注视位置比较集中的地方往

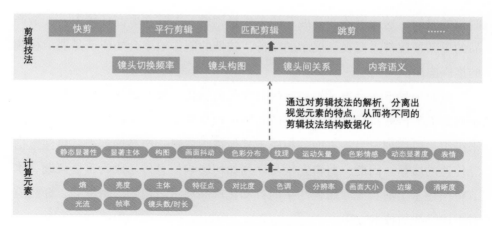

图 5.13　视频剪辑要素

往更加"重要"，因此需要在视觉上进行放大突出，控制窗口大小的依据为眼动数据点的密集程度，数据点聚集得越紧密，则该帧的裁剪窗口面积越小。基于上述原理，最终便可得到一个保留了原视频中的"重要"画面，且有着重点突出的不同尺寸的新视频。

　　视频自动生成，是指对素材进行再创作、生成原本不存在的素材、视频的方法。计算机可通过神经网络模型和算法来自动生成特定内容的视频图像。例如，可根据一段文字生成一段简短的视频素材，也可根据一张人物图片生成人物的运动视频（Tulyakov et al., 2018）。这一领域的研究尚未成熟到可以应用的程度，其产出图像的清晰度与质量还无法满足视频呈现的要求。也有研究采用风格迁移模型对已有视频进行画面风格的调整，比如将普通的视频转化成梵高油画、日式漫画等风格的视频。这些方法有望能够有效降低特效制作门槛、极大地提升视频的制作效率。

5.4.3　短视频的剪辑框架

　　产品短视频因其内容动态、真实的特点，已经成为线上产品展示的标配媒介。不同于以往的网页图文展示，产品展示视频的制作不仅需要考虑平面空间上的布局，还需要考虑时间上的布局。当前，视频剪辑工作都是靠剪辑师手工完成，回看、顺片、粗剪、精剪一套下来往往需要花费十几倍于成片时长的时间，这无疑使产品展示的工作量剧增。尤其在电商环境下，大量产品的更新换代都需要视频展示的支持，较低的制作效率会妨碍产品展示视频的推广应用。

电商场景下产品展示短视频的自动化剪辑仍然处于起步阶段，且存在如下两方面的严峻挑战：一方面，产品展示短视频没有既定的事件发展时间线来组织片段序列；另一方面，相较于其他视频剪辑，产品展示视频更注重信息传达的质量。因此，剪辑元素与序列如何影响信息传达成为重要议题。本节将描述基于剪辑元素属性约束的自动化产品展示短视频剪辑框架，介绍应对上述挑战的技术方案。

相关研究表明，信息质量感知和视频有用性显著影响消费采纳信息的行为（李晶等，2015），而消费者想象产品情况的难易程度很大程度受到消费者从展示媒介中感知到的信息量决定（Song & Kim, 2012）。因此，信息质量感知、视频有用性、想象难易度这三个信息可作为信息传达效果的反馈指标，来筛选对消费者感知信息有影响的剪辑元素。实验表明，信息排布、剪辑连贯、剪辑节奏和片段节奏四个剪辑元素对上述三个反馈指标有显著影响。

如图 5.14 所示，产品短视频的自动化剪辑框架主要包含信息感知反馈、视频剪辑元素、视频剪辑元素属性和剪辑流程四个部分。信息排布、剪辑连贯、剪辑节奏和片段节奏四个影响信息感知的剪辑元素将分别对剪辑流程中的预处理和片段组接进行约束。预处理阶段，框架会对输入的素材镜头进行视频特征的提取，然后根据镜头中画面的信息类别、剪辑节奏与片段节奏的约束对素材镜头进行分割筛选，得到多个备用片段。片段组接被视为从多个备用片段中选择剪辑连贯与信息排布约束下最佳片段序列的问题。通过采用隐马尔可夫模型（HMM）进行建模，并使用经典的维比特算法来求解最佳序列问题，可输出最佳片段序列。

素材镜头的预处理可分为两个步骤：一是将镜头分割成备用片段；二是对备用片段进行自动的属性标注。

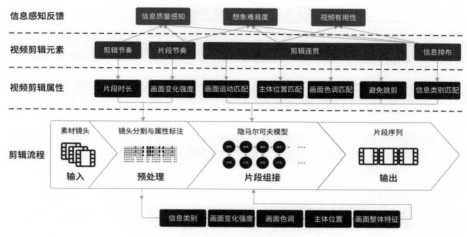

图 5.14 产品展示视频自动化剪辑框架

在镜头分割中，产品展示视频中相接的片段之间一般没有时间关系，每个片段基本是独立的信息块。基于这种情况，可使用基于信息类别变化的镜头分割方法。通过建立针对服装产品视频的信息类别数据库，训练相应的分类模型来对画面信息类别进行识别。实际上，不同产品展示的信息不同，例如针对服装产品的展示，可参考淘宝平台服装品类详情信息的类别划分，其中主要出现了产品搭配、产品外观、产品细节和产品材质这四个类别（见表 5.1）。

信息类别识别模型可被用于计算以帧为单位的信息类别，再采用滑动窗口算法确定信息类别变化的分割边界，从而对素材镜头进行分割。其中，滑动窗口采用了众数滤波来消除分类的偶然误差，即滑动窗口内的信息类别为该窗口信息中占比不低于 70% 的信息类别，否则该窗口为无信息类别。输入的素材镜头集为 $T=\{t_0, t_1, \cdots, t_N\}$，每个素材镜头 t_i 会被分割成一系列的片段 $c_0^i, c_1^i, \cdots, c_L^i$。这些片段会被剪辑节奏与片段节奏的约束再次过滤。最后，通过使用预设定的片段时长与运动强度的阈值来筛选分割而来的片段，得到备选片段。

表 5.1 服装类产品信息类别描述

信息类别	描　述
产品搭配	展示整体搭配，模特全身或接近全身出现在画面中，侧重模特试穿服装的整体观感
产品外观	展示产品外观，几乎全部的服装区域都出现在画面中。仅有少部分环境信息，产品通常占据画面中心，几乎没有其他信息干扰产品整体的视觉注意，侧重服装版型、款式等的完整展示
产品细节	展示局部细节，只有产品的部分出现在画面当中，并占据画面中心和画面的绝大部分，除了小部分的人体外，几乎没有其他信息干扰产品整体的视觉注意力，侧重服装肩部、腰部等的部分展示
产品材质	展示材质做工，只有产品的极小部分出现在画面当中，例如面料特写。通常画面中几乎无法看出模特身体和环境，产品充满着整个画面，侧重服装细节做工与布料纹理展示

片段的属性标注将高层语义特征与底层特征相结合，可通过 SIFT 特征计算、主体包围盒计算、人体关节点检测等计算每个视频片段的标签。片段属性的计算指标具体介绍如下（见表 5.2）。

表 5.2 片段属性计算方法

片段属性	计算指标
信息类别	产品信息类别识别
画面变化强度	与前一帧间的SIFT特征距离
画面主题位置	计算主体包围盒中心点距离左边界的距离占画面总宽的百分比
画面色调	画面主颜色的 HSV 色彩空间的平均值
画面整体特征	用差异值哈希算法对帧画面进行编码

• 信息类别采用分类器识别。

• 画面运动强度通过计算片段首尾两帧的画面运动强度进行标注，使用 SIFT（Lowe, 2004）提取画面中的关键点，同时使用 Brute-Force 暴力匹配器（Culjak et al., 2012）进行两帧画面中关键点匹配，最后计算单位时间内视频画面中关键点之间的空间上移动距离的均值，距离值越大，运动强度越大，该标签用于画面运动匹配的计算。

•画面主体位置使用 YOLO 物体识别方法（Redmon et al., 2016）计算片段首尾帧画面中主体的包围盒，并用主体包围盒中心距离画面左边界的距离占画面总宽度的百分比来进行画面主体位置的标注，用于主体位置匹配的计算。

•画面色调通过计算片段首尾帧画面主颜色的 HSV 色彩空间的平均值进行标注，用于画面色调匹配的计算。

•画面整体特征通过差异值哈希算法（黄嘉恒等，2017）编码帧画面进行标注，用于后面的片段间画面相似度的计算。

片段组接主要是从预处理好的片段中选择合适的几个片段按一定顺序组合成固定时长的视频序列，假设视频总时长为 T，片段的平均时长为 t，那么生成的结果是一个由 $L=T/t$ 个片段组成的视频序列。当素材片段个数为 N，便可得到 N^L 个备选片段序列空间，然后采用隐马尔可夫模型解决在备选片段序列空间中选择最佳片段序列的任务即可。

产品展示视频的素材之间由于没有明显的时间关系，缺乏在时间线上片段排布依据。因此可加入信息类别在时间线上的排布 $L = \{l_0, l_1, \cdots, l_n\}$ 作为约束来定义起始概率与发射概率，但不对转移概率产生影响。当片段信息类别与时间线上的信息类别一致时，概率为 1，否则为 0。此外，片段间的画面运动匹配、主体位置匹配、画面色调匹配，以及过于相似的画面所带来的跳剪现象会影响剪辑连贯的剪辑属性，所以需要分别对它们进行编码。这四个剪辑属性被归一化后将以相乘的方式来约束转移概率。

产品短视频自动化剪辑框架能在保证目标信息的呈现与视觉连贯的前提下，降低制作门槛，提高视频剪辑的效率，最终产出更贴近人工制作效果的视频，以此帮助制作者快速制作目标视频。

5.4.4　短视频剪辑机器人

上述研究支持了 Alibaba Wood 短视频自动剪辑机器人的研发。在阿里巴巴等电商环境中，视频合成的素材类型多种多样，包括图片、视频片段、音乐以及有关商品细节的描述字句等。本节介绍的 Alibaba Wood 短视频自动剪辑机器人的目标既是实现这种具有复杂素材类型的视频生产。

Alibaba Wood 旨在为用户提供简单、智能、高效的一站式短视频营销解决方案。它能自动获取并分析已有的淘宝、天猫等商品详情，并根据商品风格、卖点等进行短视频叙事镜头组合，梳理出故事主线。此外，它还会分析复杂的商品信息、评价等数据，以可视化的方式呈现。

如图 5.15 所示，在 Alibaba Wood 网站，用户可以提供一个商品的详情页，或者一组视频片段，在简单设置视频节奏类型、时长和分辨率信息后，即可得到一段自动合成的短视频。Alibaba Wood 还提供了一个线上的交互式视频编辑工具，用户可以根据自己的意愿修改自动合成的视频结果。Alibaba Wood 也支持大规模应用，可对用户提供的详情页列表进行批量处理与生成。

图 5.15　Alibaba Wood 短视频生成界面（来源于官网）

Alibaba Wood 涉及图像、文本、音频处理领域的多种技术。如图 5.16 所示，在图像方面，Alibaba Wood 可以理解输入图像或视频中的内容，如主体属性、运动规律、镜头语言等，从而对视频、图片进行剪切、选取。随后，根据用户的使用场景、视频叙事逻辑以及预设脚本协议（如由远景外观推进镜头至细节亮点的聚焦），将得到的关键帧或关键视频片段通过动效模板有序连接。在文本方面，Alibaba Wood 能够基于关键帧或其他图像素材自动生成相关描述文案，以供视频合成时使用。在音乐方面，如图 5.16 所示，Alibaba Wood 从声音数据库中选出一段匹配目标商品风格的旋律作为背景音

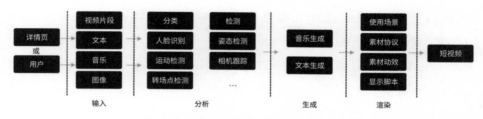

图 5.16　Alibaba Wood 处理流程

乐，并调整动效模板节奏，使其与旋律节奏一致。

自从 Alibaba Wood 上线服务以来，为商家累计产 2,000 多万条短视频。合作商家森马服饰的视频制作成本降低 90%，制作效率提升 95%，两周内效益增加超过 70 万元。

学习资源

若想要了解更多有关产品设计过程中的用户研究和需求分析方法与策略，推荐阅读《通用设计方法》《产品设计与开发》《设计方法与策略：代尔夫特设计指南》《IDEO，设计改变一切》等图书。

若想要了解更多有关情感体验计算的内容，推荐阅读 *Affective Computing*、*Approaches to Emotion* 和《机器智能：人工心理》《机器智能：人工情感》等图书。

若想要了解更多有关大批量定制与设计生产的内容，推荐阅读 Frank T. Piller 所著的 *Handbook of Research in Mass Customization and Personalization* 及其相关论文。

参考文献

黄嘉恒，李晓伟，陈本辉，等．(2017). 基于哈希的图像相似度算法比较研究．大理大学学报，2(12): 32 - 37.

李晶, 漆贤军, 陈明红. (2015). 信息质量感知对信息获取与信息采纳的影响研究. 情报科学, 033(3): 123 - 129.

贝拉·马丁 (Martin, B), 布鲁斯·汉宁顿 (Hanington, B). (2013). 通用设计方法. 初晓华, 译. 北京：中央编译出版社.

An, J., Jansen, B. J. (2017). Automatic generation of personas using YouTube social media data. Proceedings of the 50th Hawaii International Conference on System Sciences (HICSS): 833 - 842.

Bharadhwaj, H., Park, H., Lim, B. Y. (2018). RecGan: recurrent generative adversarial networks for recommendation systems. RecSys 2018-12th ACM Conference on Recommender Systems: 372 - 376. https://doi.org/10.1145/3240323.3240383.

Cooper, A., Reimann, R., Dubberly, H. (2003). About Face 2.0: The Essentials of Interaction Design. Hoboken, New Jersey: John Wiley & Sons, Inc.

Culjak, I., Abram, D., Pribanic, T., et al. (2012). A brief introduction to OpenCV. 2012 Proceedings of the 35th International Convention MIPRO: 1725 - 1730.

Gilmore, J. H., II, B. J. Pine. (1997). The Four Faces of Mass Customization. Harvard Business Review, January - February 1997. https://hbr.org/1997/01/the-four-faces-of-mass-customization.

Goodfellow, I., Pouget-Abadie, J., Mirza, M., et al. (2014). Generative adversarial nets. Advances in Neural Information Processing Systems (NeurIPS): 2672 - 2680.

Jansen, B. J., Jung, S. G., Salminen, J., et al. (2017). Viewed by too many or viewed too little: using information dissemination for audience segmentation. Proceedings of the Association for Information Science and Technology, 54(1): 189 - 196. https://doi.org/10.1002/pra2.2017.14505401021.

Lowe, D. G. (2004). Distinctive image features from scale-invariant keypoints. International Journal of Computer Vision, 60(2): 91 - 110.

Matthews, T., Judge, T. K., Whittaker, S. (2012). How do designers and user experience professionals actually perceive and use personas? Proceedings of the Conference on Human Factors in Computing Systems: 1219－1228. https://doi.org/10.1145/2207676.2208573.

Miaskiewicz, T., Kozar, K. A. (2011). Personas and user-centered design: How can personas benefit product design processes? Design Studies, 32(5): 417－430. https://doi.org/10.1016/j.destud.2011.03.003.

Redmon, J., Divvala, S., Girshick, R., et al. (2016). You only look once: unified, real－time object detection. Proceedings of the IEEE conference on computer vision and pattern recognition: 779－788.

Salminen, J., Jung, S. G., An, J., et al. (2018). Findings of a user study of automatically generated personas. Proceedings of the Conference on Human Factors in Computing Systems, LBW097:1－LBW097:6. https://doi.org/10.1145/3170427.3188470.

Salminen, J., Sengun, S., Jung, S. G., et al. (2019). Design issues in automatically generated persona profiles: a qualitative analysis from 38 think-aloud transcripts. CHIIR 2019 － Proceedings of the 2019 Conference on Human Information Interaction and Retrieval: 225－229. https://doi.org/10.1145/3295750.3298942.

Salminen, J., Sengun, S., Kwak, H., et al (2017). Generating cultural personas from social data: a perspective of middle eastern users. Proceedings － 2017 the 5th International Conference on Future Internet of Things and Cloud Workshops, FiCloud 2017: 120－125. https://doi.org/10.1109/FiCloudW.2017.97

Song, S. S., Kim, M. (2012). Does more mean better? An examination of visual product presentation in e-retailing. Journal of Electronic Commerce Research, 13(4):345－355.

Tulyakov, S., Liu, M.Y., Yang, X., et al. (2018). Mocogan: decomposing motion and content for video generation. Proceedings of the IEEE Conference on Computer Vision and Pattern Recognition: 1526－1535.

Wang, J., Yu, L., Zhang, W., et al. (2017). IRGAN: a minimax game for unifying generative and discriminative information retrieval models. SIGIR 2017－Proceedings of the 40th International ACM SIGIR Conference on Research and Development in Information Retrieval: 515－524. https://doi.org/10.1145/3077136.3080786.

Yang, Y., Zhuang, Y. T., Wu, F., et al. (2008). Harmonizing hierarchical manifolds for multimedia document semantics understanding and cross-media retrieval. IEEE Transactions on Multimedia, 10(3): 437－446. https://doi.org/10.1109/TMM.2008.917359.

第6章

群体智能与创意众包

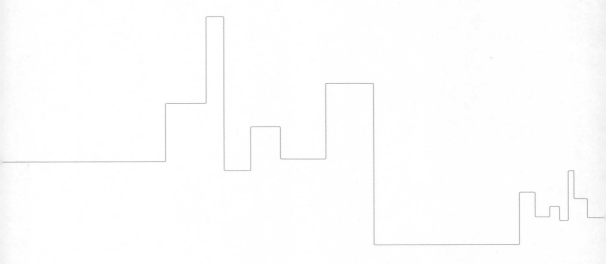

　　乐高积木的 Ideas 系列在众多乐高爱好者中有很高知名度。一些人们熟知的乐高产品就来自于这个系列，例如典藏瓶中船模型、美国宇航局阿波罗土星五号模型及机器人瓦力模型。

　　与乐高其他系列产品不同的是，Ideas 系列产品（见图 6.1）的灵感并非来源于乐高公司的专职设计师，而是充满热情的乐高爱好者。他们使用实体乐高积木或者乐高积木的 3D 模型制作软件（Lego digital designer）将创意组装实现并上传到 LEGO IDEAS 社区，向全球的乐高爱好者公开展示，征求点赞支持。获得乐高爱好者超过一万次支持的作品会被收入乐高 10k 俱乐部，由乐高官方进行审核。其中，具备可行性、品牌契合度、市场潜力等要求的创意作品将会被量产，成为乐高 Ideas 系列产品。

　　乐高 Ideas 系列产品采取的这种生产模式被称作众包（crowd sourcing）。互联网、人工智能等技术与工具的发展使得具有专

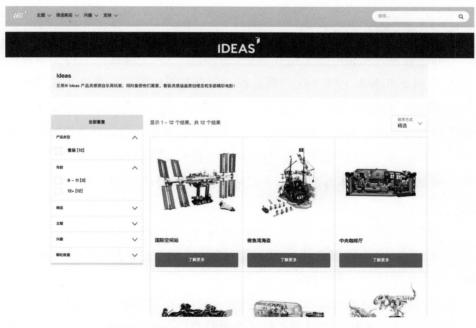

图 6.1　乐高 Ideas 系列作品（图片来源：LEGO 网站）

长、兴趣等相同特质而在地理位置上分散的人们突破了时间与空间的限制，聚集在一起，形成一类全新的群体。众包以互联网为媒介，召集那些富有热情的爱好者们共同完成一些过去由公司内部人员或领域专家负责的工作。自2006年正式提出以来，这种生产模式已在制造、影视、人机交互、医学、创意设计等诸多领域广泛应用。拥有创造力的众包群体也成为支持创意设计的重要资源。

目前，人工智能已经初步具备广告生成、画作生成、音乐谱写等创作能力。以人工智能支持创意的表达（见第4章、第5章内容），通过众包的方法结合人类群体的创造力与人工智能的计算能力，可以扩展参与创作的群体范围，有望为解决创意设计等复杂问题带来新的机遇。

本章将从众包的基本概念出发，结合产业应用与学术研究介绍创意众包的发展概况与应用实例，为读者提供一种新的创意设计方法。

6.1 群体智能概述

6.1.1 群体智能

群体智能，是指"一个群体解决问题的能力大于该群体中每个个体的能力。"（Heylighen, 1999）这一概念源于对自然界中蚂蚁、蜜蜂等群居生物的行为特征的观察研究。这些生物个体仅具备有限的智能，而生物群体却表现出令人惊叹的复杂性、执行力，甚至创造力。例如，蚂蚁群体能够完成筑巢、寻找食物、抵御天敌等复杂行为；大雁以特定队形在空中飞行，利用互相产生的气流减少体力消耗；沙丁鱼成群在水中行动，提升整体的生存能力。

群体智能通常具备如下特性（Bonabeau et al., 1999）。

（1）群体是由许多个体组成，这些个体是同源的，即它们要么完全相同，要么共同属于某些类别；

（2）个体遵循相对简单的行为规则，通过直接或者非直接的通信方式进行合作。其中，个体可通过改变环境实现与其他个体的信息传输。由于群体可以通过非直接通信的方式进行信息的传输与合作，因而随着个体数目的增加通信开销的增幅较小，具有较好的可扩展性。

（3）群体表现出来的复杂行为是通过简单个体的交互过程凸现出来的智能。因此，群体具有自组织性。

（4）群体的控制是分布式的，因而它更能够适应当前网络环境下的工作状态。群体智能具有较强的鲁棒性，即不会由于某一个或几个个体出现故障而影响群体对整个问题的求解。

群体智能包含多个研究领域，包括生物集群中群体行为体现的群体智能、以蚁群算法为例的各类群体智能算法、大规模人类群体中体现的群体智能等。众包是人类的群体智能的一种模式。过去，受到物理时空的限制，支持大规模人类群体进行持续的交互通常需要付出极其高昂的成本，理想的群体智能模式难以实现。如今，互联网、人工智能等技术与工具的发展降低了人类的沟通成本，出现了众包等以互联网群体为主体的生产模式。

扩展阅读：Swarm Intelligence、Collective Intelligence与 Crowd Intelligence[1]

---

swarm intelligence、collective intelligence、crowd intelligence 三个英文词组都被译作"群体智能"。它们之间有什么区别？

swarm 指"群体向某处移动"，因此"swarm intelligence"一般用于描述动物群体在移动、迁徙行为中体现出的群体智能。这种现象通常在自然界中的昆虫群体中能够观察到。群体智能算法以及群体智能机器人大多指的是这类群体智能。

"collective intelligence"主要描述人类群体的大规模团队协作等行为。它可被定义为"成群的个体以看似智慧的方式进行协作行动。"这个定义非常笼统，因为任何一种人类群体的行为活动都可称为该种形式的群体智能。

　　"crowd intelligence"中的群体，是指在通过特定的组织结构（例如互联网）吸引、汇聚以及管理的大规模自主参与者组成的网络群体。简单来说，"crowd intelligence"就是在互联网场景下的"collective intelligence"。参与者通过竞争、合作等自主协同的方式共同应对挑战性任务。特别是在面对开放环境下的复杂计算任务时，该类群体智能的表现超出任何个体的智能水平。本章后续提及的，就是该类群体智能。

　　以上三种模式都体现了群体对个体智能的放大作用，出于统一性，这三类智能均被称作"群体智能"。

扩展阅读：群智感知计算与联邦学习[1]

　　除众包外，群智感知计算与联邦学习也是以互联网群体为基础的群体智能发展方向。

　　群智感知计算是利用物联网、移动互联网、移动设备和群体智能等技术实现的一种新型获取信息的方式，它用于快速高效地获取大规模数据信息。群智感知系统包括感知参与者、网络层和终端用户三部分。终端用户通过网络发放任务给感知参与者，参与者从中选择任务，并通过网络传输反馈感知数据，网络层对数据进行存储、传输、计算及处理，将最终处理结果发送给终端用户（见图6.2）。

　　移动设备的普及与发展为群智感知提供了可行的条件。参与者不仅可以主动参与感知任务、移动设备记录的信息，如位置信息、健康数据、天气情况等，而且可以作为感知数据被应用，以解决不同问题。目前，群智感知计算已应用于医疗保健、环境、智慧城市建设、智能交通、人群管理、社交网络、公共安全和军

---

[1]　赵健，张鑫褆，李佳明，等. 群体智能2.0研究综述 [J]. 计算机工程，45（12）：1-7.

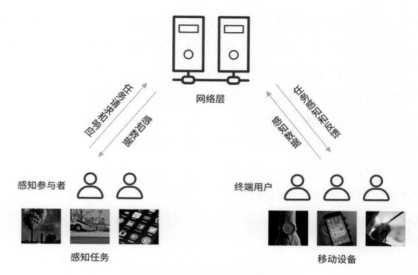

图 6.2　群智感知计算系统典型构架
[图片来源 : 修改自文献（赵健等, 2019 ）]

事应用等方面。

联邦学习于 2016 年由谷歌最先提出，其设计目标是在保障大数据交换时的信息安全、保护终端数据和个人数据隐私、保证合法合规的前提下，对分布于多方设备等数据集进行联合建模。相较于一般训练模型的方法，将多个数据集放在一起进行训练，能够有效避免数据隐私泄漏。

联邦学习为打破数据壁垒、解决数据孤岛的问题提供了新方法，为数据安全隐私提供了保障，在大数据驱动时代具有重大意义。目前，联邦学习在医疗、金融、通信、人工智能、机器学习、边缘计算等方面都有着相关应用，对群体智能的发展也有重要影响。

6.1.2　创意众包

众包是群体智能的一个方向。2006 年，杰夫·豪（Jeff Howe）在《连线》杂志上首次正式提出了众包这一概念。他将众包描述为"一种把传统由公司内部员工或外部承包商完成的工作交付给一个大型的、没有清晰界限网络群体去完成的生产模式"。这个定义主要包含以下四个要素（Brabham，2016）。

（1）发布众包任务的需求者群体：需求者可以是组织或个人。需求者设计、发布众包任务、明确任务评价标准以及参与者筛选机制。众包任务的类别、形式、过程因需求不同而各异。

（2）承担众包任务的参与者群体：参与者是网络环境中各个领域的业余爱好者，具有丰富多样的知识与强烈的参与热情。在众包模式出现之前，这些爱好者仅扮演着消费者的角色，他们与创造生产并没有直接的联系。众包模式模糊了消费者与创造者、专家与业余爱好者的边界，赋予了他们参与创造的权利。

（3）支持众包工作的网络平台：网络平台支持需求者与参与者之间的互动，支持众包模式的有序进行。典型的众包网络平台包括亚马逊土耳其机器人（Amazon's Mechanical Turk）、Threadless、iStockphoto 等。

（4）互惠互利的众包任务：需求者通过众包从参与者群体中获得各类信息、实现目标；参与者通过众包获得金钱、经验、荣誉等回报。互惠互利是众包模式能够顺利进行的前提。

扩展阅读：众包模式的分类[1]

根据领域与目标的不同，目前对众包模式的定义与分类标准多种多样。常见的分类标准主要以参与者的工作类型、应用领域以及所要解决的问题类型三个要素为基础。

按照参与者的工作类型，可将众包人群划分为社会生产人群（social production crowd）、平均化人群（averaging crowd）、数据挖掘人群（data mine crowd）、网络信息人群（networking crowd）、交互型人群（transactional crowd）以及事件处理型人群（event crowd）六类，他们分别适应不同的众包任务场景。

---

[1] 达伦·C. 布拉汉姆，众包 [M]. 余谓深，王旭，译 . 重庆：重庆大学出版社，2016.

按照众包的应用领域，众包任务可分为消费品与渠道类众包、科学类众包、地理位置型众包、政策类众包与微任务类众包。

根据所要解决的问题的类型，众包可分为知识发现与管理类、宣传查询类、同行审查与创造性生产类以及分布式智慧任务委派类。

思　考

结合上述要素，请尝试对本章开头的乐高 Ideas 系列产品案例进行分类。参与者包含哪些人群，属于哪个应用领域，解决的是哪类问题？

本章节提及的"创意众包"，是以众包方式解决创意收集、设计评价等创造性问题。与其他众包任务相比，创意众包所需解决的问题包含更多的不确定性，过程更加复杂，结果更加开放。目前，创意众包主要采用"分而治之"与"发布-回收"两种模式。

"分而治之"模式将项目拆分为较小的任务模块，统筹安排参与者完成任务，随后评价并整合任务结果。该种众包模式适用于参与人员数量庞大，背景复杂的情况。

案例："分而治之"模式典型案例

Zooniverse（https://www.zooniverse.org/）是一个科研众包网站，由牛津大学与芝加哥天文馆的研究人员建立。该网站旨在借助网络人群的力量辅助生物、物理、气候、历史、社会等多个领域的科学研究。研究人员采取了多人完成同一任务的方式，以增加结果的准确性。

在 Zooniverse 中，每个科研项目的任务数量从几万到几十万不等，且每个任务都较为简单。参与者只需选择项目，花费几分钟完成项目任务，便可与研究人员共同协作，完成科学发现。例如，在该网站的 Galaxy Zoo 项目中，参与者观察星系的照片并选择星系的形状类别与特征，帮助研究人员进一步了解宇宙。截至 2019 年 3 月，已有超过 2.2 万用户参与该项目，完成近 184 万张星系图片的形状分类。

Eyewire（https://eyewire.org/explore）（见图 6.3）是由 MIT 开发的一个绘制神经元网络的在线电脑游戏，其目的是借助网络人群的力量完成大脑神经元网络的绘制。在该游戏中，参与者无需脑科学相关专业背景知识，仅通过填色的方式找出视网膜神经元的连接，合力完成大脑神经元的三维模型的绘制。游戏提供部分神经元的电子显微镜图像，并通过颜色标出局部的神经元区域，参与者通过在显微镜图像中点选填涂与已有神经元相连接的区域来完成神经元的绘制。

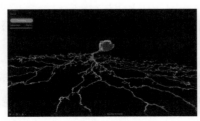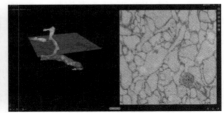

图 6.3　Eyewire 主界面与任务操作界面（图片来源：Eyewire 网站）

为了保证参与者在游戏过程中提供结果的准确性，研究人员使用了以下策略：参与者在正式进行神经元结构绘制之前，需要根据提示正确完成 3 个案例的绘制，熟悉游戏规则，之后才能正式进行游戏。那些已通过游戏绘制完成的神经元结构将有助于脑科学的研究，同时，用户在游戏过程中提交的填色图像也将训练计算机更精准地进行神经元结构的绘制。目前全球已有来自 145 个国家的超过 15 万网络用户参与该游戏。

"发布–回收"的众包模式遵循"发布任务–回收方案"的流程，以竞赛形式发布众包任务，收集解决方案；随后，从收集到的解决方案中筛选高质量方案。此类模式适用于方案征集等工作量较大、任务难以拆分的情景。目前，创意众包主要通过"发布–回收"的模式完成创意方案的收集与筛选工作。

案例："发布–回收"模式典型案例

Challenges（https://www.challenge.gov）是美联邦政府于 2010 年建立的众包竞赛网站，用于搜集政府问题的解决方案。在网站上，政府部门就某一问题设立竞赛，在一定的时间段公开向全球征集方案，竞赛的优胜者获得高额奖金。该网站中典型的竞赛项目有美国疾病预防与控制中心征求的健康行为数据收集方法、环境与健康关系的监测 App；美国垦务局的大坝水储量监测方法；司法计划 / 项目办公室的实时犯罪预测方法等。

Ideastorm 是戴尔公司收集创意的众包社区。在 Ideastrom 中，参与者就戴尔公司的某个产品提出改进的创意，经由投票等方式筛选，优胜者在实际产品中得到应用。参与者也可对其他的创意发表评论，共同讨论优化创意。截至 2018 年 9 月，该社区已获得超过 2.8 万条创意，其中超过 550 条创意被戴尔公司采纳并实现。

思　考

假设要设计一把外观、功能都具有创新性的椅子，你将如何利用本章提及的两种众包模式获取设计灵感与创意方案？

6.2 创意众包参与者

6.2.1 参与者的任务

众包参与者的背景知识、生活经历等个人专长的多样性是众包模式的优势之一，它有助于在设计过程中提升创意想法的多样性，催生具有突破性的设计。研究人员通过各种方法调动参与者，使其能够更大限度地发挥个人专长完成众包任务。例如，改进众包任务、引导参与者充分利用自己的知识与个人经历，有望帮助参与者产出高质量的设计方案。以儿童座椅的设计任务为例，当任务描述中采取抽象的产品形式描述（即不提及如"座椅""靠垫"等具体的产品形式）以及详细的功能描述（即描述详细的使用情境而非"安全""便捷"等抽象名词）时，众包结果的质量更高（Yu et al., 2014）。抽象的产品形式描述使参与者能够摆脱思维定势，并使其在创意过程中更容易联想到个人经历与专业特长，因而提升了产品方案的创造力与多样性；详细的功能描述使参与者能够更清楚地理解产品的定位，因而参与者在设计过程中能够重视并尽可能达到众包任务的目标。

特定领域的众包任务要求参与者对该领域有一定的了解，并掌握相关的规则与技巧。由于绝大多数参与者并非领域专家，将特定领域的知识与规则融入众包过程，补足参与者知识与经验，可辅助参与者顺利、高效地完成任务。

以视频博客（vlog）的创作为例，它的创作需要兼顾视频素材的拍摄、故事框架的构建以及视频素材的处理与拼接技巧。对于从未制作过个人记叙视频的新手来说，他们不知道故事框架应当包含哪些内容，因而错过拍摄合适的视频素材，也不知道如何对视频片段进行组织来突出主题。以往的软件工具采用固定模版引导用户，局限了视频的故事性与多样性。

针对上述局限，研究者开发了 Motif 系统来引导参与者创作视频博客（Kim et al., 2015）。他们首先总结了经验丰富的个人记叙视频拍摄者遵循的准则，并据此归纳出了视频框架中可能包含的内容视频素材的种类，以及这些素材的拍摄方式与拼接技巧。通过 Motif，用户可以自由构建视频内容框架，并参考每部分内容的提示、参考案例等，拍摄相关素材、进行拼接组织，最终生成真正能够体现个人独特经历的记叙视频。

此类引导策略同样适用于创意众包。以图片处理类创意众包任务为例，研究者总结专业人员处理图片的步骤与规则，并据此设计开发了图片编辑的众包任务平台，引导参与者使用 Photoshop 软件逐步完成图片编辑任务（Dontcheva et al.，2014）。该平台既提升了参与者在众包任务中的表现，同时又让参与者获得图片编辑相关知识与技巧，使参与者能够高效地完成相似类别的任务，可谓一举多得。

同样的方法也适用于设计评价类创意众包任务。如果直接询问参与者对于设计方案的评价，通常只能得到"很棒""不太好看"等价值较低的回答。为解决这个问题，研究人员总结了设计专家在评价设计方案时关注的设计原则，引导参与者从特定设计原则出发，提出设计方案存在的问题（Luther et al., 2015）。例如，参与者通过众包任务了解到，平面设计需要遵循可读性原则，该原则在配色、字体、字号等具体设计要素中有所体现。参与者由此提出"字号太小，影响信息阅读"的设计评价，辅助设计师改进方案。

众包结果同时受到多个因素的影响，包括参与者的选择、奖励策略、众包结果的预期数量、众包任务预期耗费时间与金钱等。这些因素彼此关联，需要共同优化。研究人员提出了一种众包快速原型方法（quick prototype），支持众包任务的快速测试与迭代（Brambilla et al., 2015）。众包快速原型方法可分为以下步骤：首先，根据已有众包组织经验提出一系列众包策略；其次，在小范围内分别实行不同的众包策略，并比较不同策略下的众包任务结果；最后，依据众包任务结果选择最优的众包策略进行大范围应用。这种方式能够以较快的速度、较低的成本确定有效的众包策略，提升后续大规模众包任务的结果质量。

6.2.2　参与者的合作

参与者个体难以完成较为复杂的创意任务，创意设计过程也需要多种思维的碰撞与灵感的互相激发。因此，促进参与者之间的合作是创意众包的趋势。

　　众包过程中参与者的合作方式会影响众包进度与结果。名义小组（narrative group）与互动小组（interactive group）是两种典型的众包参与者合作方式（Zhu et al.，2014）。在名义小组中，每个小组内的参与者单独工作，工作结果通过算法与规则进行整合。在互动小组中，参与者实时交流与讨论任务。研究人员发现，在方案评价类众包任务中，名义小组的表现优于互动小组。在互动小组的讨论过程中，一些因素可能会导致整个团队逐渐偏离"事实"，使得最终的评价结果带有偏见。与此同时，也有研究提出，团队讨论合作能够碰撞出火花，得到更加优秀的创意想法。因此，不同的创意众包任务适用不同的组织方式。

　　参与者合作方式也可分为系统主导与参与者主导两种。系统主导的合作依靠众包系统拆分设计任务，发放给参与者。参与者之间并不直接接触，而是通过完成任务实现协同设计。以广告创意设计为例，研究者设计并开发了一个支持参与者合作进行广告创意设计的平台（Ren et al.，2014）。该平台支持三种众包广告创意设计策略：全新的设计方案，对已有的设计方案进行改进，融合已有的两个设计方案生成新的设计方案。研究发现，对已有方案进行改进的方式产生了更好的设计方案，这些方案是多个参与者共同努力的结果。

　　类似地，研究人员在亚马逊众包平台上构建了一个由三个阶段组成的众包实验（见图6.4）。根据在每个阶段完成的任务类别不同，参与者被划分为"创造、创造、创造"与"创造、评审、创造"两组。在"创造、创造、创造"小组中，参与者在三个众包阶段分别完成三个创造类众包任务。在"创造、评审、创造"小组中，参与者在第一阶段和第三阶段完成与另一小组相同的创造类众包任务。在第二阶段，该小组的众包任务是对他人众包结果进行评审。研究人员比较了两组参与者在众包任务第三阶段与第一阶段任务质量的差异，从而明确众包过程中的评审任务带来的效果。与三个阶段均执行创造任务的参与者相比，在第二阶段执行评审任务的参与者在第三阶段创造任务中的表现比其自身在第一阶段中的表现有着更大的提升。

图 6.4　三阶段众包实验的过程 [修改自文献 (Zhu et al., 2014)]

　　参与者主导的合作通常由参与者组织成立临时小组讨论完成设计任务，提交创意方案。临时小组能够及时响应设计中的新发现和新需求，在较短时间内探索大量方案。例如，"头脑风暴"是设计团队在就特定主题产生新观点时常用的组织策略，研究者据此提出了一个众包头脑风暴系统，支持参与者远距离合作进行头脑风暴，组织参与者共同构思创意方案（Siangliulue et al., 2016）。该系统模仿头脑风暴过程中将方案进行分类的行为，将所有方案聚类并可视化呈现给参与者，作为进一步头脑风暴的参考。研究者对比了参与者群体与参与者个人提出创意方案的过程与结果。结果显示，群体比个人较少提出重复的设计方案，并在方案的类别与数量上优于个人表现。

　　除了参与者外，众包中的组织者、领域专家等角色同样影响着众包进程。参与者在进行众包任务时，通过众包平台、邮箱、短信等途径获得来自众包发布者、领域专家提供的信息，从而准确理解众包任务，有策略地完成任务。

　　领域专家在众包过程中提供指导，帮助参与者快速了解领域知识，高效完成任务。领域专家拥有专业知识与经验，能够敏锐地发现设计方案的闪光点，据此生成新的灵感，及时解决设计问题，调整应对策略。相较于众包任务系统提供的规则与辅助，领域专家提供了更加灵活、准确的指导与反馈。以 Atelier 系统为例，首先，专家将众包需求拆分为适宜参与者完成的众包任务（Suzuki et al., 2016）（见图 6.5）。随后，专家通过文字、高亮标注、视频通话等方式提供反馈，帮助参与者顺利完成任务。最终，专家根据众包需求对结果进行审查、筛选，并整合符合要求的众包方案，确保众包结果的可靠性。

图 6.5　领域专家在 Atelier 众包系统中承担不同任务 [修改自文献 (Suzuki et al., 2016)]

专家参与到众包设计的过程中，能够明显地提升众包结果的质量。然而，专家数量较少、精力有限，难以顾及所有参与者。为了解决该问题，研究者开发了 IdeaGens 众包平台，将参与者想法以仪表盘的可视化形式呈现给设计专家，帮助其快速了解当前的众包进程，更加便捷地参与众包指导（ Chan et al., 2016 ）。

还有研究通过改变参与者在众包中扮演的角色以控制众包过程。以故事创作类众包任务为例，研究者引入特定的角色来控制众包过程（ Kim et al., 2014 ）。他们将参与者赋予领导者（leader）与贡献者（contributor）两种不同角色。领导者掌控众包整体进度，规划任务；贡献者根据规划提供具体的方案，完成任务。这种策略在一定程度上使得众包过程能够更加有序地进行，保障了众包结果的质量。

案例：OpenIDEO

OpenIDEO（https://www.openideo.com）是 IDEO 公司组织设计师与大众参与者合作完成项目、协作实现创意众包的典型实例。它招募参与者就某一项目提出创意、反馈意见，参与从头脑风暴到项目落地的全过程。典型的 OpenIDEO 项目包括"为残疾人设计无障碍社区""重新思考高等教育方式""增加东非年轻人的商业机遇"等。项目首先收集一定数量的创意，初步筛选创意。随后，参与者与专家共同讨论、修正创意，进行细化，最终实施获胜的创意方案。目前，Open IDEO 已成功完成了"减少食物浪费""印度的水资源与卫生状况改进"等项目，得到可降解的塑料袋、印度厕所设施设计等方案，为人类社会的发展作出了贡献。

思　考

除了参与者之间、领域专家与参与者之间的沟通与合作，你还能想到众包过程需要哪些人群的沟通与合作？这会对众包的进程与结果产生怎样的影响？

6.3　创意众包系统

6.3.1　参与者的管理

众包参与者的知识背景与生活经历各不相同，完成任务时的认真程度也存在差异。众包组织者需要以一定的方式筛选出最符合任务需求的参与者，保证众包结果的质量。

目前，众包研究主要通过收集、分析参与者个人信息、任务完成情况等，作为筛选参与者的依据。例如，亚马逊土耳其机器人众包平台使用技能标签（basic skill labeling）作为判断参与者是否适合特定众包任务的依据。技能标签，是众包参与者对自己所拥有的技能或是需求者对于目标参与者所需技能的简短描述。在需求者发布众包任务的过程中，他们可以通过选择特定的技能标签来缩小众包参与者的范围，提升众包任务的完成效率与结果质量。与此同时，在该平台上，参与者提交方案的采纳情况也会被记录下来，作为其表现的参考，帮助众包组织者筛除能力不足、任务完成效率低下的众包参与者（见图 6.6）。

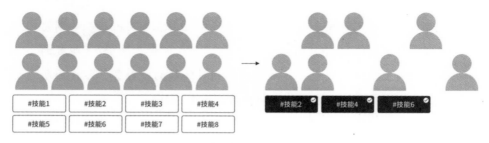

图 6.6　通过技能标签筛选众包参与者

众包平台记录的方案被采纳率在一定程度上能够反映参与者的态度与能力。因此，将众包参与者的个人特征与其完成的众包任务建立关联，在一定程度上能够预测参与者在不同类别众包任务中的表现（Li et al., 2014）。研究人员建立了众包人群定位框架（crowd targeting framework）（见图 6.7），将参与者的性别、年龄、教育背景等个人属性与参与者在多个类别的众包任务中的表现建立联系。据此，众包平台在发放众包任务时能够更有针对性地选择合适的参与者，提升众包任务的完成效率，减少耗费。

图 6.7　众包人群定位框架 [修改自文献 (Li et al., 2014)]

众包参与者在任务过程中的行为也可作为评估众包结果质量的依据。例如，众包参与者在网页上的操作行为一定程度上反映了参与者的投入程度

（Wu & Bailey, 2016）。如图 6.8 所示，研究人员设计并发放了一个网页界面改进的众包任务，参与者需要体验网页界面，圈选出需要改进的区域，并通过文字描述的形式提交修改意见。任务过程中参与者在网页上的操作行为，例如点击、鼠标移动、键盘输入等被记录下来，作为完成任务时投入程度的评估依据。通过该种方式推断出的投入程度评分与专家提供评分的一致性达到了 92%。

可根据参与者在众包过程中的状态变化相应地调整众包过程。研究者

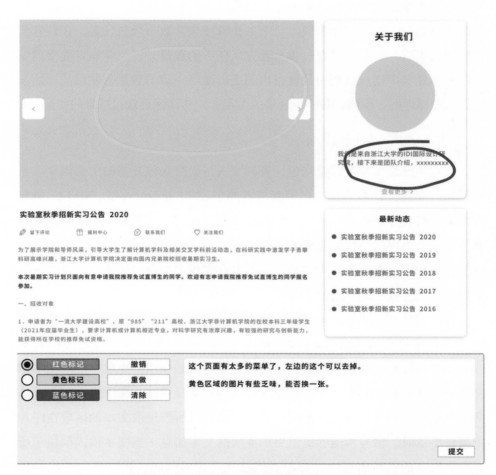

图 6.8　案例中网页交互改进任务示意 [修改自文献 (Wu & Bailey, 2016)]

在众包过程中实时估计参与者能力、动态调整分配给参与者的任务（Ho & Vaughan, 2012）。任务分配算法包含探索与应用两个阶段，在探索阶段，众包项目发布任务给参与者，依据测试结果，估计参与者能力分布；在应用阶段，众包项目根据参与者能力分配任务，以此来使得众包收益最大化。

也可采用基于投票一致性的参与者严谨度动态评估策略，及时地评价与替换参与者（Zhang et al., 2013）。投票一致性策略是指，将同一众包任务分配给多个参与者独立回答，之后将这些答案通过投票的方式进行整合，投票占大多数的答案作为该众包任务的正确结果。在研究过程中，研究人员将众包任务集合划分为多个工作阶段，每个工作阶段包含数个众包任务。在任意工作阶段结束后，他们记录众包参与者完成任务的数量，以及参与者提交的结果与众包任务中通过投票一致性得出的正确结果一致的数量，并以此评估参与者的严谨程度，检测、替换不合格的参与者，从而保证众包结果的质量。

6.3.2　系统界面的优化

众包系统是参与者接受众包任务，完成与提交众包方案的主要媒介。系统界面的布局、色彩等都会影响参与者的表现（Finnerty et al., 2013）。研究者组织参与者分别在纯色背景、排版简洁的界面与背景杂乱、排版零散的界面上完成分类网络链接的任务（见图 6.9）。结果显示，排版杂乱的系统界面降低了参与者完成任务的准确率。参与者在完成多个众包任务时，排版杂乱的界面造成的负面影响比在完成单个任务时更加明显。

在与图像相关的众包任务中，特定区域的视觉显著度（visual saliency）以及工作记忆负荷（working memory）会影响参与者完成众包任务的效率（Alagarai Sampath et al., 2014）。在众包任务"从扫描图中提取特定的文本信息"中，研究者探究了文本信息所在区域的视觉显著度、文字输入框位置这两个因素对参与者的表现的影响。结果显示，当所需提取文本的区域在图片中高亮显示时，参与者能够提供更加准确的文本信息；当文字输入框位于所需提取文本的区域附近时，参与者能够在更短的时间内提交更加准确的任务结果。

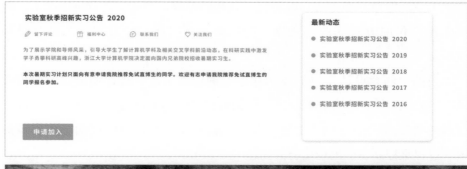

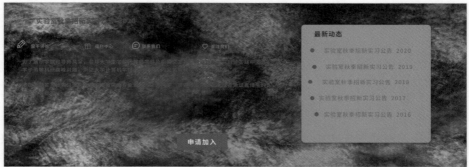

图 6.9　同样的信息在不同系统界面中呈现的效果

思　考

　　照片美化是一项涉及大量技巧的创造性任务，同时，众包参与者的个人审美也会影响最终的调整结果。请结合本小节提及的方向进行思考，如何改进照片美化类众包任务，能够获得更加多样化、质量更高的众包结果。

6.4　实例：创意设计柔性众包方法

6.4.1　创意众包的挑战

　　创意设计（ideation）广泛存在于产品设计、平面设计、服装设计、服务设计等领域。它是指从无到有构思点子，并采用文字描述、图示（草图、渲染图）或功能原型等方式加以固化和表达的过程。当前，已有许多个人、组织采用众包的方式获取创意设计的结果，可以将这个过程称为创意设计众包。

当前，创意设计众包的成功存在不确定性，甚至被比喻成"上帝掷骰子"。造成这个结果的主要原因，是创意设计过程具有非结构化特征，即该过程很难以统一的流程结构进行表示。创意设计众包也因此面临工作难拆解、过程难控制、产出难聚合的问题。

目前，产业界大多遵循"发布任务-回收方案"的众包模式，并通过"沙中淘金"的方法来获得高质量的创意设计众包结果——在所有回收方案中，只要有参与者能够提供高质量方案，那么这次创意设计众包便是成功的。这种方式关注众包参与者个体的表现，专注于众包过程中最好的方案，在一定程度上保证了众包结果的质量。

但是，在此种模式中，参与者间互不影响，方案间彼此独立，并未有效发挥群体智慧。目前的创意众包任务大多专注于参与者个体的设计过程，较少考虑参与者之间沟通与合作的需求。众包任务本身具有短时参与、异地合作的特性，也限制了参与者的合作方式。以上因素使得参与者的产出方案差异性较小，参与者之间无法有效进行合作，限制了众包方案质量的进一步提升。

同时，此种众包模式对创新过程的理解与控制不足，使得众包过早聚焦于部分方案。在本书第二章中提到，创意设计具有问题-方案共进化、整体先发散后收敛等特征。由于这些特征，创意过程中产出的方案质量与最终的方案质量并无直接的对应关系。众包过程需要引入不可预知的多样化方案，更需要研究方案的发展规律，根据当前众包状态调整众包过程，推动方案的改进。目前的众包方法大多在初期就关注到最优方案，通过筛选、改进这些高质量方案促进创新。此类研究缺乏对方案发展过程的分析，难以发掘后续有潜力产出创新方案的方向，使众包过程局限于对现有优质方案的小幅改进，限制了众包的创新能力。

本节介绍创意设计柔性众包方法，以提高对创意设计众包过程的控制能力，提升创意设计众包结果的质量。

6.4.2　创意设计的柔性众包

柔性（flexibility）描述了一种响应变化的能力。判断事物是否具有柔性，可关注其是否能够预测变化，适应变化，以及凭借自身调整以应对变化。本研究所提众包方法的柔性体现在三个方面。第一，此方法主动（proactive）评估方案的发展潜力，根据发展潜力而非方案质量规划众包任务。第二，此方法的众包任务引导参与者思考自身经历、专业知识等方案来源，重视参与者创意的相互激发，支持参与者合作；众包任务适应性（adaptive）的整合拥有不同能力、背景的参与者实现共同创新。第三，此方法中，方案发展潜力计算所使用的指标随整体方案情况的变化而变化，是活性（reactive）、动态的指标。创意众包应能够依据设计方案的发展规律培养创新方案，提升群体智能的创新能力。

研究首先采用设计认知方法分析参与者的创意设计特征，并据此优化创意设计类众包任务，引导参与者从不同灵感来源产生创意方案（以下简称"方案"），反思方案的优劣。此任务可增加参与者提出方案的多样性，提高方案质量，支持众包参与者的合作。

同时，研究采取创意拐点模型描述众包过程（具体内容见第二章的研究实例部分），分析众包过程特征对方案发展的影响，并改进众包过程。具体而言，本研究借助算法计算方案的发展潜力，评估当前众包状态下，某一方案在后续任务中发展出高质量方案的可能性。根据发展潜力指标选择方案进一步改进，分配众包任务，引导众包的设计方向，实现对当前众包状态的柔性应对。以上研究引导参与者提出多样化方案，支持参与者合作；评估方案的发展潜力，推动方案质量的不断提升；有望实现创意设计柔性众包，最终产出高质量的创新方案。

通过分析创意众包中的方案分布与方案关系可以发现，在众包过程中维持均衡的方案分布有利于高质量方案的产生；同时，高原创性的方案来自对中等原创性方案的大幅改进，而非对高原创性方案的小幅优化。

创意设计柔性众包方法包含三个部分：创意方案生成，方案发展潜力计算与众包任务发布（见图 6.10）。在方案生成中，参与者查看发展潜力较高的方案，根据任务引导进行设计，在此方案的基础上提出新的方案。方案发展潜力计算中，系统评价方案质量、计算方案分布、记录方案关系数据、评估方案的发展潜力。在众包任务发布中，系统根据方案发展潜力调整方案优先级、发布方案生成与评价任务。

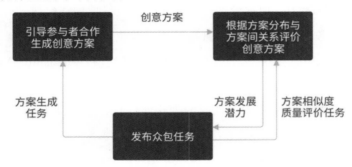

图 6.10　创意设计柔性众包方法

如图 6.11 所示，创意设计柔性众包的过程可分为以下步骤。

（1）根据创意设计课题，发布众包方案生成任务，收集初始方案。

（2）发布众包相似度评价任务，计算方案分布。如所有方案均无质量评分，发布方案质量评价任务，计算方案评分；如部分方案已有质量评分，去除前一次评价中质量评分靠后方案，发布方案质量评价任务，计算所有方案的质量评分。

（3）依据方案质量，判断方案是否满足要求，如满足，结束此次柔性众包；如不满足，进入步骤（4）。

（4）根据方案分布、方案间关系等过程指标，与方案质量评分，计算方案的发展潜力。

（5）依据方案的发展潜力选择参考方案，发布众包生成任务，参与者需改进参考方案以提出新的方案，进入步骤（2）。

对于众包参与者而言，创意设计柔性众包过程并无轮次划分。任一参与者进入后，众包系统根据当前设计进度，分配参与者方案设计、质量评价或

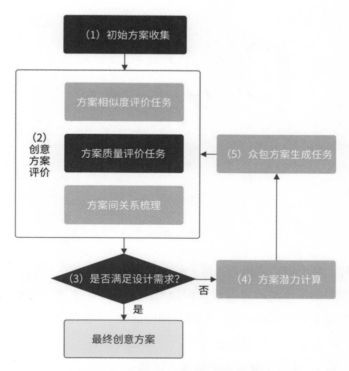

图 6.11　创意设计柔性众包的典型流程

相似度评价任务。同时，根据设定的间隔计算方案发展潜力、生成新的众包任务，引导创意设计众包发展。下面我们以两个创意方案为例，说明方案的改进发展过程。

创意方案 1：保障儿童游玩安全的机器人方案

该方案在第一轮众包任务时出现。参与者提出"机器人辅助儿童探索周边环境"的想法（见图 6.12）。方案将机器人做成小车挂在儿童自行车后，即可存储玩具等物品，也可让父母通过机器人与儿童沟通、确保安全；同时，小车具有导航功能，采用电池驱动，可跟随儿童行动。

在第三轮众包任务中，此方案被改进。改进方案的方案目标不变，在功能上删除了导航、电机驱动、父母沟通等功能，专注于儿童在外实时的安全保障。改进后的方案为小车形式的玩具机器人，可用绳子牵引、也可作为儿童背包。机器人监测周围环境的交通情况，在有快速行驶车辆或者其他物体

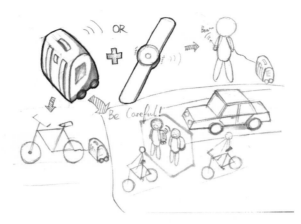

图 6.12　保障儿童游玩安全的机器人方案草图

快速接近时，给予震动或声音提醒，让儿童远离危险地带。

从该方案的提出与改进过程中可以看到，第一轮方案较为独特，第三轮的改进删去了方案的冗余功能（导航与跟随运动），抓住了儿童在外玩耍时的核心需求，提出了原创性更高的方案。

创意方案 2：培养儿童习惯的机器人玩偶

该方案经由三轮方案改进而来（见图 6.13）。在第一轮众包任务中，该方案为一个对话玩偶，可以语音形式和儿童玩游戏、讲故事，给予儿童陪伴和教育。第二轮改进方案提出，玩偶的形态需要吸引儿童才能更好地进行陪伴教育。第三轮改进方案提出"在相处的同时培养儿童习惯"的策略。

该创意的最终方案为玩偶形态的机器人。机器人的外观采用儿童喜欢的动物形式，使用摄像头等设备，利用机器学习等技术学习儿童行为、说话方式，并通过摇尾巴、蹦蹦跳跳、播放音乐等方式给予他们积极反馈。该种机器人可以用于培养自闭症儿童的目光接触习惯。在第三轮方案改进中，参与者继承了第一轮方案提出的教育概念，以培养儿童的语言行为习惯为目标，同时结合第二轮方案提出的动物外观，并设计合理的反馈形式，逐渐从普通玩偶改进成为创新方案。

以上的众包实例表明，创意设计柔性众包方法能够持续探索新的设计可能，发掘众包过程中的潜力方向，产出创新方案。众包过程中，参与者在优

图 6.13 培养儿童习惯的机器人玩偶方案草图

化已有设计主题的同时，从独特的方案发展出新的设计主题。参与者的专业知识、创意想法等与高潜力方案有效结合，使得柔性众包持续产出高原创性的方案，从而保障设计方案的持续创新。

　　创意设计柔性众包提出的这种设计方案组织、优化的方法，可以推广至音乐、影视、平面设计等其他创意领域。2020 年，疫情牵动着所有人的心。由清华大学新闻学院清影工作室与快手联合发起制作了首部手机抗"疫"纪录片《手机里的武汉新年》。这部纪录片由 77 位作者共同创作完成，通过数以百计的手机短视频，以特别的角度呈现了 2020 年元旦至元宵节期间发生于武汉的故事 [1]。该纪录片的制作实际上就是采用了众包的形式。人工智能技术支持大众拍摄、剪辑视频片段，随后通过众包的方式整合成为更有意义的纪录片。当前，人工智能等技术已经初步具备了生成设计方案的能力。利用创意设计柔性众包的思路，可以将众包群体的创造力与人工智能的创作能力相结合，提升创意产出的质量与效率，产出各类高质量的创意结果。

---

[1] 案例内容来自腾讯新闻网站 2020 年 4 月文章《如何用 112 条快手视频做成一部抗"疫"纪录片？》。

学习资源

若想要更详细地了解群体智能的定义、发展，可搜索 *Frontiers of Information Technology & Electronic Engineering* 2017 年第 18 卷第 1 期的文章 Crowd Intelligence in AI 2.0 era 及其相关引用。

若想了解群智感知计算、联邦学习的更详细的内容，可搜索《计算机工程》第 45 卷第 12 期的文章《群体智能 2.0 研究综述》及其相关引用。

若想要了解众包典型案例及更多研究内容，除在网上进行搜索外，还可参考中信出版社出版的《众包：大众力量缘何推动商业未来》以及重庆大学出版社翻译的"MIT 新概念系"丛书中的《众包》一书。

若想要使用众包完成设计任务，常用的国外众包平台有 Amazon Mechanical Turk（mturk.com）、Upwork（upwork.com）、99 Designs（99designs.com）、Design Crowd（designcrowd.com）；常用的国内众包平台有特赞（tezign.com）、特创意（techuangyi.com）、花瓣美思（muse.huaban.com）等。可根据具体需求选择相应平台发放众包任务。

参考文献

达伦·C. 布拉汉姆（Brabham, D. C.）(2016). 众包. 余渭深，王旭，译. 重庆：重庆大学出版社.

赵健，张鑫嚆，李佳明，贺晨. (2019). 群体智能 2.0 研究综述. 计算机工程，45(12)：1 - 7.

张志强，逄居升，谢晓芹，周永. (2013). 众包质量控制策略及评估算法研究 [J]. 计算机学报，36（8）：1636-1649.

Alagarai Sampath, H., Rajeshuni, R., Indurkhya, B. (2014). Cognitively inspired task design to improve user performance on crowdsourcing platforms. Proceedings of the 32nd Annual ACM Conference on Human Factors in Computing Systems - CHI'14: 3665 - 3674. https://doi.org/10.1145/2556288.2557155.

Bashir, M., Anderton, J., Wu, J., et al. (2013). A document rating system for preference judgements. Proceedings of the 36th International ACM SIGIR Conference on Research and Development in Information Retrieval — SIGIR'13: 909. https://doi.org/10.1145/2484028.2484170.

Bonabeau, E., Theraulaz, G., Dorigo, M. (1999). Swarm Intelligence: From Natural to Artificial Systems. Oxford, UK: Oxford University Press.

Brambilla, M., Ceri, S., Mauri, A., et al. (2015). An explorative approach for crowdsourcing tasks design. Proceedings of the 24th International Conference on World Wide Web—WWW'15 Companion: 1125–1130. https://doi.org/10.1145/2740908.2743972.

Chan, J., Dang, S., Dow, S. P. (2016). Improving crowd innovation with expert facilitation. Proceedings of the 19th ACM Conference on Computer-Supported Cooperative Work & Social Computing — CSCW'16: 1221–1233. https://doi.org/10.1145/2818048.2820023.

Dontcheva, M., Morris, R. R., Brandt, J. R., et al. (2014). Combining crowdsourcing and learning to improve engagement and performance. Proceedings of the 32nd Annual ACM Conference on Human Factors in Computing Systems — CHI'14: 3379–3388. https://doi.org/10.1145/2556288.2557217.

Drapeau, R., Chilton, L. B., Bragg, J., et al. (2016). MicroTalk: using argumentation to improve crowdsourcing accuracy. The Fourth AAAI Conference on Human Computation and Crowdsourcing: 10.

Finnerty, A., Kucherbaev, P., Tranquillini, S., et al. (2013). Keep it simple: reward and task design in crowdsourcing. Proceedings of the Biannual Conference of the Italian Chapter of SIGCHI on — CHItaly'13: 1–4. https://doi.org/10.1145/2499149.2499168.

Heylighen, F. (1999). Collective intelligence and its implementation on the Web: algorithms to develop a collective mental map. Computational & Mathematical Organization Theory, 5(3): 253–280. https://doi.org/10.1023/A:1009690407292.

Ho, C.J., Vaughan, J. W. (2012). Online task assignment in crowdsourcing markets. The Proceeding of Twenty-Sixth AAAI Conference on Artificial Intelligence:7.

Kim, J., Cheng, J., Bernstein, M. S. (2014). Ensemble: exploring complementary strengths of leaders and crowds in creative collaboration. Proceedings of the 17th ACM Conference on Computer Supported Cooperative Work & Social Computing – CSCW'14: 745–755. https://doi.org/10.1145/2531602.2531638.

Kim, J., Dontcheva, M., Li, W., et al. (2015). Motif: supporting novice creativity through expert patterns. Proceedings of the 33rd Annual ACM Conference on Human Factors in Computing Systems – CHI'15, 1211–1220. https://doi.org/10.1145/2702123.2702507.

Li, H., Zhao, B., Fuxman, A. (2014). The wisdom of minority: discovering and targeting the right group of workers for crowdsourcing. Proceedings of the 23rd International Conference on World Wide Web: 165–176. https://doi.org/10.1145/2566486.2568033.

Luther, K., Tolentino, J.L., Wu, W., et al. (2015). Structuring, aggregating, and evaluating crowdsourced design critique. Proceedings of the 18th ACM Conference on Computer Supported Cooperative Work & Social Computing – CSCW'15: 473–485. https://doi.org/10.1145/2675133.2675283.

Mamykina, L., Smyth, T. N., Dimond, J. P., et al. (2016). Learning from the crowd: observational learning in crowdsourcing communities. Proceedings of the 2016 CHI Conference on Human Factors in Computing Systems – CHI'16: 2635–2644. https://doi.org/10.1145/2858036.2858560.

Ren, J., Nickerson, J.V., Mason, W. et al. (2014). Increasing the crowd's capacity to create: How alternative generation affects the diversity, relevance and effectiveness of generated ads. Decision Support Systems, 65: 28－39.

Siangliulue, P., Chan, J., Dow, S. P., et al. (2016). IdeaHound: improving large-scale collaborative ideation with crowd-powered real-time semantic modeling. Proceedings of the 29th Annual Symposium on User Interface Software and Technology—UIST'16: 609－624. https://doi.org/10.1145/2984511.2984578.

Suzuki, R., Salehi, N., Lam, M. S., et al. (2016). Atelier: repurposing expert crowdsourcing tasks as micro-internships. Proceedings of the 2016 CHI Conference on Human Factors in Computing Systems－CHI'16: 2645－2656. https://doi.org/10.1145/2858036.2858121.

Wu, Y. W., Bailey, B. P. (2016). Novices who focused or experts who didn't? Proceedings of the 2016 CHI Conference on Human Factors in Computing Systems－CHI'16: 4086－4097. https://doi.org/10.1145/2858036.2858330.

Yu, L., Kittur, A., Kraut, R. E. (2014). Distributed analogical idea generation: inventing with crowds. Proceedings of the 32nd Annual ACM Conference on Human Factors in Computing Systems－CHI'14: 1245－1254. https://doi.org/10.1145/2556288.2557371.

Zhu, H., Dow, S. P., Kraut, R. E., et al. (2014). Reviewing versus doing: learning and performance in crowd assessment. Proceedings of the 17th ACM Conference on Computer Supported Cooperative Work & Social Computing－CSCW'14: 1445－1455. https://doi.org/10.1145/2531602.2531718.

第7章

设计范式转换

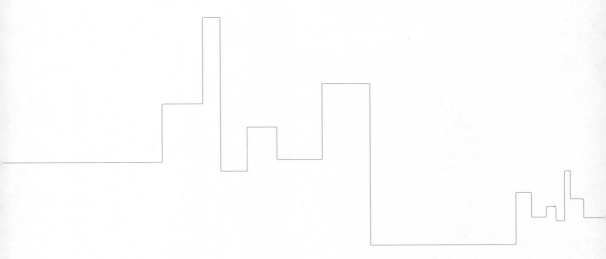

　　以设计生成、体验计算等为代表的人工智能新技术、新能力得到广泛研究与应用。这些应用并非孤例，已经改变了设计对象、设计过程与设计师职能。新的设计范式初见端倪。

　　浙江大学与阿里巴巴合作成立了智能、设计、体验与审美联合实验室（IDEA Lab）。IDEA Lab 围绕数字创意开展了一些研究与实践，其中以广告的设计生产最具代表性。

　　IDEA Lab 设计生产的广告是一种海量低值易耗的类型。阿里巴巴每天有百万级的广告分发与投放需求，需要在淘宝、百度、谷歌等平台的首页、侧栏等位置投放多种内容和尺寸的广告。另外，阿里希望做到"千人千面"，即每个用户打开应用，都会根据用户的偏好与历史记录，推送不同的商品，投放不同的广告。这意味着广告设计需要随产品、场景、人群发生变化。这些电商平面广告的视觉设计常常不需要太高的设计门槛，也不需要设计大师或者艺术家级的设计能力；同时，这些电商平面广告的生存周期很低，一般只有几天甚至几个小时。因此，广告的量级庞大、需求多样、价值较低。如何满足这种设计需求是一个巨大的挑战。传统设计模式需要建立一个庞大的视觉设计团队完成这项工作。

　　为解决上述问题，IDEA Lab 利用人工智能技术，开展了色彩、布局、风格、审美等一系列基础支撑算法的研究。在配色问题上，建立平面广告数据库，分析广告图中的背景、前景、产品、标题等内容的色彩，根据品牌风格、应用场景、针对人群挖掘不同的配色规律，从而对广告设计进行配色推荐。类似地，通过学习广告布局实现自动排版，针对不同的人群推荐不同风格的广告，增强广告效果。IDEA Lab 还研究了人工智能的设计评价能力，基于对平衡、留白等设计规则的量化，实现广告审美计算。

　　在这些算法的基础上，IDEA Lab 与阿里合作开发了多个广告设计生产平台。广告自动生成系统 AUTOLAYOUT 根据输入的产品图和文案自动生成广告图，并可调整布局和色彩（You et al., 2019）。AI 赋能的设计辅助系统 AI.DESIGN 通过人工智能与设计师的协作半自动地生成广告。AI 协同创作系统 SmartPaint 将用户涂鸦转换成 IP 动画作品，丰富和延展 IP 的内容边界（Sun et al., 2019）。

IDEA Lab 的研究成果并非孤例。得益于人工智能在设计领域的应用，设计生产平台持续出现，设计范式正发生巨大变化。本章节从设计范式的基本概念开始，介绍设计范式发生的变化、面临的挑战、带来的可能性，描述人工智能赋能的设计范式的特征，帮助设计教育界、研究界、产业界探索设计的更多可能性。

7.1 设计范式与范式转换

7.1.1 科学范式

美国著名科学哲学家托马斯·库恩（Thomas Kuhn）在《科学革命的结构》（*The Structure of Scientific Revolutions*）（Kuhn, 1963）一书中首先提出并阐述了"范式（paradigm）"的基本概念和理论。范式是一个科学共同体成员间所共享的信念、价值、方法和技术等的集合，是科学运作的理论基础和实践规范，是领域内研究者共同遵从的世界观和行为方式。范式本质上是一种理论体系；一个范式如果不能解决新问题就会变弱，从而出现范式转换（paradigm shift），标志着某一领域中出现了新的概念和模式。新范式的产生，一方面是由于范式研究的发展，另一方面则是由于外部环境的推动。在库恩看来，"科学革命"的实质就是"范式转换"。当然，一个新范式的确立不是一蹴而就的，需要得到科学共同体的认可。

随着研究者对库恩范式理论的深入研究和论述，范式的概念不断丰富。目前"范式"一词几乎可以被运用到任何领域，常常被用来作为组织创新的理论依据。例如，从蒸汽机到计算机的技术创新引起了工业界的范式变化。设计虽然还难以被认为是一门"常态科学"，但同样存在范式，有特定的观察和解决问题的方法和模式，即设计范式。

　　我们参考科学研究的范式来描述设计范式。科学研究的范式转换经历了四个阶段，分别是：实验科学（experimental science）；理论科学（theoretical science）；计算科学（computational science）；数据密集型科学（data-intensive science），即大数据科学。

　　实验科学是人类最早的科学研究，主要以记录和描述自然现象为特征。实验科学偏重经验事实的描述，较少理论概括。在研究方法上以归纳为主，其主要研究模型是科学实验。例如伽利略研究动力学、牛顿研究经典力学的方法等。

　　实验科学的研究受到条件限制。研究者尝试简化实验模型，去掉复杂的干扰，只留下关键因素，通过演算进行归纳总结，这就是科学研究的第二范式：理论科学。理论指人类对自然、社会现象按照已有的实证知识、经验、事实、法则、认知以及经过验证的假说，经由一般化与演绎推理等方法，进行合乎逻辑的推论性总结。理论科学偏重理论总结和理性概括，强调较高普遍的理论认识而非直接实用意义的科学。在研究方法上以演绎法为主，不局限于描述经验事实。其主要研究模型是数学模型。例如数学中的概率论、经济学中的博弈论、计算机科学中的计算机理论等。

　　随着验证理论的难度增大，理论科学开始显得力不从心。用计算机对科学实验进行模拟仿真的方法得到迅速普及，逐渐形成计算科学范式。研究人员可以模拟、仿真复杂现象，实现对现象的推演，如模拟核试验、天气预报等。计算科学范式的主要研究模型是计算机仿真和模拟。

　　随着数据的爆炸性增长，计算机不仅仅能做模拟仿真，还能进行分析总结，得到理论。这种科学研究的新范式被称为数据密集型科学，或是大数据科学。科学研究方法由传统的假设驱动向数据驱动转变。大数据科学的主要研究模型包括数据挖掘和机器学习等，引发了新一代人工智能技术的火热发展。

7.1.2 设计范式

设计范式是设计学科共同体成员共同遵循的世界观、设计模式、设计理论和方法等，是解决设计问题的框架或逻辑起点。设计师在设计过程中使用的设计模型和设计方法是设计范式的外在表征。大部分涉及设计范式的观点都比较分散，夹杂在设计问题分析、设计方法描述中，还没有形成一个完整的理论。实际上，设计范式可以通过设计观、设计方法和技术手段进行描述。

"范式"和"流行"的差异描述了设计范式的特征（杨国富，2004）："流行（fashion）与范型 / 范式（paradigm）之差异不在于时间之长短，而在于走过是否留下痕迹。服装设计之所以被称为'流行'，就在于人类所有的服装至今基本上并没有脱离'穿、脱、披、戴、挂'的范型，所以 1971 年的服装设计，到了 1972 年就会在服装质料、式样、色彩、配件上'退流行'。设计上的现代主义则不同，如果以包豪斯兴起至 1970 年代后现代设计兴起的 60 年间，算是设计上的现代主义鼎盛期，后现代设计兴起至今也 20 余年，可是，并没有因为设计上的后现代主义兴起，而让设计上的现代主义消失无踪。这就是'范型'，在后现代设计论述里，不但极力攻击现代设计论述，同时也极力吸收、融合现代设计的特质。"

"设计是一门非常依赖实践的应用学科，其范式的形成根本上还是依赖于产业环境，即产业范式决定设计范式（design paradigm）。自包豪斯以来，现代设计经历了以制造技术为基础的'产品设计模式（product design pattern）'和以信息技术为基础的'交互设计模式（interaction design pattern）'。今天，设计正在面临着一个新的转折，这个新的转折不单单是建立在技术之上的，而是建立在新的产业环境和新的社会环境之上的。新的设计范式正在制造经济向服务经济的产业环境以及工业社会向后工业社会的转变之下逐渐形成。"（王国胜，2013）

7.1.3　范式转换

设计范式也会随时代、技术发展而出现范式转换。我们参考科学研究范式，尝试以四个阶段描述设计范式，依次为"经验观察""理论模型""计算机辅助"与"人工智能赋能"。设计各范式在设计过程中不是相互独立、相互替代的，而是相互融合、交叉存在的。

"经验观察"是设计中最早，也是最基本的设计范式。设计师基于自身的设计经验，通过观察和描述设计对象、设计环境的特征和问题提出解决方案。"经验观察"范式以设计师自身感受为出发点，带有较多的主观性，设计结果受设计师的经验、审美等因素影响。

随着设计逐渐发展为一门学科，设计研究者们基于设计知识、认知、经验等，总结了一系列设计理论、模型和方法用以指导和辅助设计。例如斯坦福大学的 D.School 提出的"Design Thinking"（Stanford, 2010）。Design Thinking 既是一种设计思维方式，也是一套设计方法，这套设计方法强调深入了解人的需求、以人为中心重构问题，从而解决那些定义不清晰或未知的复杂设计问题。

此外，由于设计学科的交叉性和包容性，一些其他领域的模型和方法也经常被借鉴。例如，如图 7.1 所示，法格行为模型（Fogg Behavior Model）（Fogg, 2009），建立了动机（motivation）、能力（ability）、触发（prompts）与行动（action）之间的影响关系，结合触发、动机、能力来调动用户的行为改变，以明确设计策略。

随着计算机技术介入到设计的各个阶段，设计方法向数字化、信息化转变，设计第三范式"计算机辅助"深入人心。数字化和信息化让设计过程变得更加高效，支持设计结果的重用和扩展。在设计构思阶段，计算机可以对大量信息进行检索、推理、预测和评价等，帮助设计师思考，加速设计迭代。专家系统就是一个利用计算机组织信息的典型应用。产业中，Adobe 公司开发和发行的一系列相关设计软件如 Photoshop、Illustrator、Indesign、Premiere 等改善了设计的表达和呈现方式，让设计结果更加生动直观。

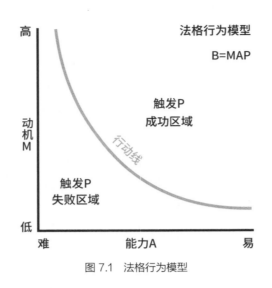

图 7.1　法格行为模型

Autodesk 公司研发的计算机辅助设计软件 AutoCAD，可以用于二维绘图、三维设计等，提高设计效率、实现标准化输出，被广泛用于建筑设计、土木工程、服装加工等多个领域。

时至今日，人工智能的发展促使了设计范式的又一次转换。根植于"计算机辅助"范式，"智能设计"这一设计范式逐渐形成。例如，Adobe 公司发布的 Adobe Sensei，利用人工智能技术把一些固化的、重复性的设计操作变得自动化和简单化，帮助用户解决创意过程中面临的一系列问题。Autodesk 公司则发布了一个实验性质的设计平台 Dreamcatcher, 允许设计师输入特定的设计目标和约束条件（功能要求、材料类型、制造方法等）来生成大量的设计解决方案；设计师权衡这些解决方案，为设计制造和生产选择最佳的方案。随着设计和人工智能这两个领域的不断碰撞与结合，人工智能已经成为设计的新维度、新要素，也是新的设计范式的主要驱动力。下面，我们讨论当前设计范式转换面临的挑战，描述新范式中设计与人工智能融合呈现的能力、设计师与人工智能的关系，探索设计新范式应该具备的特征。

7.2　范式转换驱动力

7.2.1　设计智能的发展

设计智能的发展是驱动设计范式转换的重要因素。我们将设计中的人工智能相关技术与应用统称为设计智能。具体来说，设计智能是指这样一类技术与应用。它们利用计算机模拟设计师的思维活动、设计方法，提高计算机的智能水平，从而使计算机能够更多、更好地承担设计过程中各种复杂任务。设计智能的阶段目标是实现设计自动化、决策自动化，强化企业对市场的快速反应能力和竞争能力。设计智能的发展，一方面取决于对设计本质的理解，另一方面取决于人工智能技术的发展。

设计智能的发展已经推动了设计行业的改变。同济大学设计和人工智能实验室主任范凌分别在 2017 年和 2018 年的阿里巴巴 UCAN 大会上发布了《设计和人工智能报告》。范凌团队通过对学术文献、技术资料和产业案例的定性和定量分析，从专家采访、趋势预测、劳动力再分配观察和教育改革等方面对设计与人工智能的交叉学科问题进行建构，希望帮助更多设计师为人工智能时代做准备。报告认为，消费端的技术在过去五到十年间已经发生了极度的丰富，只有精准才是商业的未来，例如千人千面概念，即给每个消费者推送合适的咨询、服务和产品。人工智能可以在消费端和供给端建立新的数据闭环。设计智能不仅仅是一个技术问题，也是一个供给问题，一个结构性的问题。报告提出了一个"脑机比"概念 – 设计师大脑和机器的比例来阐述设计师和人工智能的关系。机器和人工智能在创造性工作里面不是取代某种工种，而是要共同进化。设计智能的主旨是能够有更多的数据、算法，指数级的精准生产，带来人的思想解放。

设计智能的发展也为人工智能技术带来了巨大挑战。人工智能算法主要依靠发现数据中的模式和关系来解决问题，而不完全依靠手动编程所制定的规则。因此具备一些典型问题，包括：

• 在同样的输入下，模型输出的结果并不稳定；

• 模型在使用过程中会动态变化，持续迭代；

· 即使在模型运行中发现错误，很难快速修正；

· 模型在不同任务上的不同错误类型会带来不同的损失。

上述问题常常会引发一些困扰。比如，智能音响常常不能完整理解用户语音所表达的意图；无人驾驶汽车可能存在潜在的安全风险；一些数据驱动的智能产品可能带有无意间侵犯或泄漏用户隐私数据的行为等。

7.2.2　设计师与人工智能的关系

设计师与计算机技术，特别是人工智能关系的转变是驱动范式转换的另一个重要因素。相比于以往的任务执行工具，人工智能让计算机具备一定的能动性、更好地支持设计师，有望在以设计师为中心与创新来源的条件下，实现高效、高质的合作，进而实现设计创新。

以前"人机关系"指的是人和机器的关系，后来"人机关系"变成人和计算机的关系，而未来"人机关系"会变成人和智能系统的关系。我们探讨是否可用设计领域传统的思维、方法和工具，去做智能产品的设计、智能系统的设计和人和智能体的关系的设计等；也探讨人工智能是否可以帮助人们进行设计，人工智能是否可以提高设计效率，使设计更加高效和精准。在这个层面上，人工智能与设计的结合点就不是采用传统的设计方法去创造产品，而是在于运用智能技术开发出工具、方法来提高设计的效率。

案例：自动驾驶

以自动驾驶为例，SAE（Society of Automotive Engineers，国际自动机工程师学会）根据人与自动驾驶系统的关系，将自动驾驶分为了可明显区分的六个级别（L0 ～ L5），用以明确不同级别自动驾驶技术间的差异性，生动地描述了人与人工智能的关系，以及人工智能在自动驾驶中的能力范围和智能程度。L0 代表没有自动驾驶加入的传统人类驾驶，由人类驾驶员全权操控汽车，可以得到警告或干预系统的辅助。L1 ～ L5 则随自动驾驶的技术配置和成熟程度进行了分级。L1 代表辅助驾驶，通过驾驶环境对方向盘和加减速中的一项操作提供驾驶支持，其他的驾驶动作都由人类驾驶员进行操作；
L2 代表部分自动驾驶，通过驾驶环境对方向盘和加减速中的多项操
作提供驾驶支持，其他的驾驶动作都由人类驾驶员进行操作；L3 代
表有条件的自动驾驶，由无人驾驶系统完成所有的驾驶操作，根据
系统要求，人类驾驶者需要在适当的时候提供应答；L4 代表高度自
动驾驶，由无人驾驶系统完成所有的驾驶操作，根据系统要求，人
类驾驶者不一定需要对所有的系统请求做出应答，包括限定道路和
环境条件等；L5 代表完全自动驾驶，在所有人类驾驶者可以应付的
道路和环境条件下，均可以由无人驾驶系统自主完成所有的驾驶
操作。

不同于自动驾驶，设计与人工智能的关系并不是如驾驶员与自动驾驶系
统一样此消彼长的，而是彼此补充、融合。设计的影响因素复杂，包含了历
史、文化、环境、情感等客观和主观因素，也包含时代、阶级、民族和地域
等客观因素。在可预见的时期内，人的创造力对设计的作用是不可代替的，
人机协同设计是设计智能的重要模式。如图 7.2 所示，根据人工智能在设计
中的介入程度，我们描述了以下四种设计师和人工智能的关系。

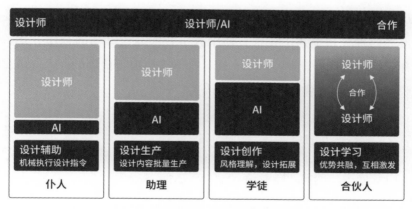

图 7.2　设计与人工智能的四种关系

（1）人工智能可以是设计师的仆人。以"抠图"为例，从原始平面素材中提取需要的设计素材，是平面设计师最常见、耗时的工作内容。如今很多图像处理软件正努力提升其抠图能力，以便大幅降低设计师抠图的工作量。在这个例子中，人工智能可以快速、方便地替设计师完成一些规则明确的、机械性的工作，人工智能是设计师的仆人。

（2）人工智能可以是设计师的助理。例如，设计师完成一个横幅广告的设计，人工智能在保持设计风格、设计语言的基础上，自动适应不同场景的使用需求，进行适配性设计。也就是说，当设计师明确设计规则后，人工智能可以据此大批量地执行设计任务。人工智能可以极大地减轻设计师在低创造性的适配工作中的负担。这个时候，人工智能就是设计师的助理。我们在这一关系的指导下，进行了平面广告自动化设计的研究探索。

（3）设计师与人工智能可以是学徒关系。正如同导师指导研究生，导师是希望这个学生在一定的训练之后，能够有自己的想法，提出自己的研究问题。当人工智能作为学徒时，设计师希望人工智能能完成一定的创造性工作。例如，在经过若干次的学习之后，人工智能能沿着设计师的风格去创造一个全新的设计。在这一关系的指导下，我们进行了 AI Painting 图像创作的研究探索。

（4）设计师和人工智能可以是合伙人关系。在这种关系里，设计师能够让人工智能学习到新的设计知识和经验，人工智能也能够给设计师提供启发，这是一种良性的、持续发展的关系。

上述四种关系描述了设计智能中人工智能与设计师的合作方式。四种关系并无高下之分。设计过程中，设计师既需要值得信赖的仆人、可靠的助理、聪明的学徒，也需要有能力的合伙人。

7.3 设计新范式——智能设计

7.3.1 处于早期的智能设计

"智能设计"这一设计范式可能会对传统的设计师职业构成巨大的冲击，

同样也给设计这个行业带来了重大机遇。人工智能技术可以支持设计师高效高质地开展设计活动。人工智能技术也可以作为产品与服务的组成部分，融入产品与服务的完整生命周期。

人工智能赋能的设计新范式尚无成形的设计方法，包含了多种理论和立场，是非排他性的。本节尝试描述当前正在发生的事情，从设计流程、设计对象、设计师职能三个方面阐述新范式的特征，为设计与人工智能的进一步发展提供参考。

7.3.2　智能设计的设计流程

人工智能已改变了传统设计流程。在大数据与计算能力的支撑下，人工智能在设计的某些步骤上获得了与人媲美的能力。在广告自动化设计这一案例中，人工智能技术的物体检测、分割与识别等能力，已经接近于人类设计师的水平，可有效支持设计师创作。现有设计流程与人工智能赋能的设计流程可总结见表 7.1。

表 7.1　设计思维中方法与人工智能设计方法的异同

	现有设计流程	人工智能赋能的设计流程
共情与定义	访谈获得需求、搜索相似案例、参考设计师经验	挖掘SNS等载体中的文本、图像大数据
构　想	头脑风暴、梳理问题、提出解决方案	构建知识图谱，寻找问题的解决方案，利用GAN网络等方式辅助生成方案
原　型	制作原型、展示设计结论	利用软件快速制作、测试大量原型产品
测　试	小规模测试、收集相关利益者的意见，迭代与优化设计方案	快速测试、收集真实使用数据、迭代产品或软件系统

在共情与定义阶段，GAN、图像处理等领域的人工智能技术能够帮助设计师快速地从访谈内容、各类规范、任务书、调研报告等文字、图像信息中提取有价值的洞见。在第 4 章的 4.1.2 一节中，我们介绍了一些采用这些技术进行用户研究、生成用户画像的应用。

在方案构想阶段，人工智能技术提供给启发创意灵感的设计知识、生成设计概念方案、辅助对方案进行评价，综合提升方案质量。人工智能技术的介入可减少设计师知识和立场局限对方案构想的不利影响。典型方法包括：结合感性工学理论与 BP 神经网络、支持向量机等数理分析方法的产品造型、色彩设计方法；基于遗传算法与特征参数提取的产品造型进化设计方法；面向产品意象风格与造型基因之间的映射模型的产品族外形基因设计方法，等等。在第五章中介绍的 SmartPaint 系统能够同时理解风景图像各物体的语义和空间关系，以及动漫风格中独特的纹理和色彩，支持人机合作创作动漫风格的风景画作。

在设计的原型与评价阶段，人工智能支持原型的快速制作与测试。Autodesk、宝马等公司利用人工智能技术快速制作原型。正如第四章情感计算部分所描述的，在测试产品投放后，借助对语音、文本、视频等多媒体信息的处理能力，人工智能技术能够高效地分析来自用户的反馈、意见，支持产品的高速迭代。

7.3.3 智能设计的设计对象

人工智能赋予了产品与服务感知用户状态、生成设计的能力；人工智能逐渐成为产品与服务的重要组成要素。同时，产品与服务可以在整个生命周期中，随用户的体验过程不断的优化。因此，新范式下的设计对象发生了剧变，包含整个生命周期内产品与服务的形式与功能。

案例：玩具收纳箱

浙江大学 IDEA Lab 的学生团队完成了一款名为智能玩具收纳箱的智能硬件产品（见图 7.3）。2015 年时，这个收纳箱的功能是：每放入一个玩具，收纳箱都会发出一个打嗝的声音，并且闪烁一下"眼睛"。当收纳箱被装满，就会投影一些预设画面，鼓励小朋友养成收纳的好习惯。2018 年，另一组学生团队开始着手重新设计这款收纳箱。这个团队考虑到，每一个小朋友都有完全不同的性格和脾性，有的小朋友性格开朗外向，有的小朋友则相对内敛。针对不同类型的小朋友，这款收纳箱应该提供不同的反馈。设计师并不是先做用户研究，把孩子分成急脾气慢性子两类，然后分别给他们设计一款产品；而是在产品的使用过程中，不断地了解用户，从声音、图像、行为习惯等对小朋友的喜好进行分析，计算他们的体验感受，然后在此基础上调整和优化，生成个性化的反馈内容。

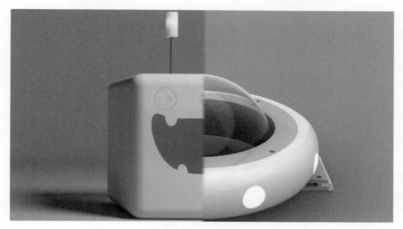

图 7.3　玩具收纳箱

在上述案例中，产品交付给用户不再被认为是设计活动的终点，而是一次设计循环中的其中一环（见图 7.4）。这种面向全生命周期的设计的主要思路是：综合考虑用户、情景、技术三个要素，实现高效、高质量的设计。其关键在于关注人工智能算法的特性，通过调动用户参与和构建应用情景支持人工智能的产品与服务设计，而非将人工智能技术作为"一个神奇的黑盒子"使用。

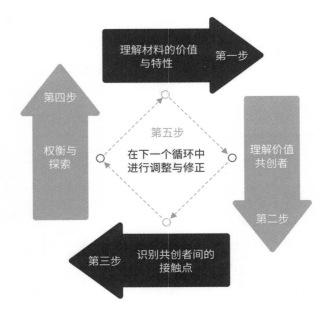

图 7.4 以人工智能为设计对象的设计循环

此种设计要求设计师考虑以下设计对象。

·第一，设计方案中所应用的人工智能技术具备的性能，包括准确率、召回率、运行速度等指标。

·第二，从人工智能技术转化为预期的智能产品，直至为目标用户带来价值体验的完整过程的共创要素，如使用产品的用户、产品所处的物理空间、数据集等。

·第三，人工智能与用户、使用场景等要素在其生命周期各个阶段的接触点。比如，人工智能在推断阶段将运行结果反馈给用户，而用户则通过操作将自己的偏好"教会"给人工智能。

·最后，人工智能算法的中长期变化，尤其是在用户、环境数据的影响下，更新算法所造成的功能差异；这些变化相应的应对模式。

7.3.4 智能设计的设计师职能

如果说，之前设计师的目标是单个的设计产出。那么，在人工智能赋能下，设计师需要设计的则是一条条自动化生产线，支撑各类产品与服务的智能化大批量生成，构建具备自动设计的能力的复杂系统。不同于工业时代中批量生产的规格化产品，人工智能背景下大批量生成的设计结果彼此之间并不完全一致，甚至有极大的差异。比如，在上文所述的广告设计案例中，最终的设计产出在尺寸大小、颜色、布局、整体视觉风格上都有很大的差异。在符合大众审美的前提下，人工智能系统实现了设计产出的多样性。设计师的使命不再局限于设计一个个"物"，而是直接参与"造物主"的设计。

这种职能上的变化对设计师提出了完全不同的要求。数据、算法等内容成为了当前设计师需要熟悉和掌握的首要材料。设计师需要准备高质量的训练数据供智能系统学习，并将不可避免地接触人工智能算法，需要理解设计智能系统的运行逻辑。这要求未来的设计师具备与人工智能技术团队协作的能力，能从数据的角度理解设计的构成，从算法的角度了解智能系统的运行。这给设计教育、设计研究提出了新的挑战。设计师作为设计与大众密切相关产品的职业，需要共同行动，一起构建人工智能与人和谐共处、互促共进的新环境。

参考文献

王国胜 . (2013). 设计范式的改变 . 设计驱动商业创新 . 2013 清华国际设计管理大会 . 深圳，中国 .

杨国富 . (2004). 创意活力：产品设计方法论 . 长春：吉林科学技术出版社 .

Fogg, B. (2009). A behavior model for persuasive design. Proceedings of the 4th International Conference on Persuasive Technology: 1 - 7. https://doi.org/10.1145/1541948.1541999.

Kuhn, T. S. (1963). The structure of scientific revolutions. American Journal of Physics, 31(7): 554 - 555. https://doi.org/10.1119/1.1969660.

Sun, L., Chen, P., Xiang, W., et al. (2019). SmartPaint: a co-creative drawing system based on generative adversarial networks. Frontiers of Information Technology & Electronic Engineering, 20(12): 1644 – 1656. https://doi.org/10.1631/FITEE.1900386.

You, W.T., Sun, L.Y., Yang, Z.Y., et al. (2019). Automatic advertising image color design incorporating a visual color analyzer. Journal of Computer Languages, 55: 100910. https://doi.org/10.1016/j.cola.2019.100910.